煤炭职业教育“十四五”规划教材

土木工程概论

主　　编　杨建华　程　良
参编人员　张　京　崔团团　王　洁
　　　　　梁　博　苏晓春

应急管理出版社
·北　京·

内 容 提 要

本书紧跟土建行业发展现状，以模块化结构组织系统阐述土木工程领域的核心知识体系，覆盖土木工程学科的基础内容、技术要点及发展方向，重点解析土木工程材料、建筑工程、公路工程、铁路工程、桥梁工程、隧道与地下工程、土木工程防灾减灾、建设工程项目管理等关键领域的理论与实践应用，并融入行业规范、技术标准及典型案例。主要内容包括土木工程的基本概念与发展脉络，常用工程材料的性能与选用原则，建筑、公路、铁路、桥梁、隧道与地下工程等工程的设计与施工技术，土木工程防灾减灾策略，建设工程项目管理全流程，以及未来建筑信息化、工业化、绿色化等前沿趋势。

本书注重知识的系统性和实用性，既深入讲解基础理论，又结合工程实例强化实践能力培养。各模块设置“巩固与提升”习题及“拓展阅读”专栏，帮助读者深化理解并拓宽行业视野。本书适合作为土木工程、工程管理及相关专业本科、高职教材，也可供土木工程师、项目经理、技术负责人及相关从业人员参考使用。

前　　言

本书是中国煤炭教育协会煤炭职业教育“十四五”规划教材，符合高等职业院校建筑学科教育教学大纲要求，既可以作为专业教学用书，也可以作为相关行业科普读物。

为了发挥好本课程的育人作用，依据《教育部关于印发〈高等学校课程思政建设指导纲要〉的通知》（教高〔2020〕3号）精神，本书编写中把思想政治教育贯穿其中，深度挖掘提炼专业知识体系中所蕴含的思想价值和精神内涵，拓展教材的广度、深度和温度。在模块化编写本书内容前提下，从所涉的行业、文化、历史等角度增加教材的知识性、人文性。本书注重强化学生工程伦理教育，引用诸多超级工程案例，着力培养学生精益求精的大国工匠精神，激发学生科技报国的家国情怀和使命担当。

本书编写过程中总结了以往土木工程取得的成绩和典型工程，引入了现阶段建设领域具有代表性的重点工程、难点工程。按照建筑领域生产实际和施工岗位、监理岗位等岗位面向，参考建筑施工工艺实施与管理“1+X”职业技能等级证书、施工员、监理员、材料员等八大员及建造师执业资格证书考试内容，纳入新技术、新工艺、新规范、超级工程案例，形成土木工程发展概况、土木工程材料、建筑工程、公路工程、铁路工程、桥梁工程、隧道与地下工程、土木工程防灾减灾、建设工程项目管理、土木工程的未来等十个模块化教材内容。

本书由陕西能源职业技术学院教师编写，编写人员均具有扎实的教学基础和丰富的工程实践经验，杨建华、程良担任主编。具体分工如下：杨建华编写模块七，程良编写模块二、模块四、模块六、模块十，张京编写模块三，崔团团编写模块八，王洁编写模块一，梁博编写模块九，苏晓春编写模块五。全书由杨建华统稿，程良校对。

本书在编写过程中参阅了许多学者的著作，并吸纳了其中的一些成果。王建智对全书进行了审核，并提出了许多宝贵意见。在此一并致以深切的谢意！

由于编者水平所限，如有错误或不妥之处，期望同行专家及阅读本书的读者提出批评意见和建议！

编　者

2024 年 9 月

二 维 码 索 引

微　　课

（续）

序号	名　称	图形	页码	序号	名　称	图形	页码
15	石灰的性质		19	24	基础分类及钢筋组成		35
16	混凝土的组成及分类		21	25	框架结构形式、结构布置		53
17	混凝土的和易性		23	26	框架结构受力特点及构造要求		53
18	混凝土的强度		23	27	剪力墙结构受力特点、构造		53
19	混凝土的耐久性		24	28	框架剪力墙结构受力特点、构造		53
20	钢材的基本知识		26	29	筒体结构体系		53
21	钢材的力学性能		28	30	基本建设程序		70
22	钢材的工艺性能		28	31	施工准备工作概述		70
23	建筑中常用的钢材		29	32	施工现场准备		70

（续）

序号	名　称	图形	页码	序号	名　称	图形	页码
33	混凝土立方体 抗压强度试验		116	36	建筑工程安全管理		129
34	钢材的拉伸试验		117	37	进度计划		132
35	建筑工程质量管理		127	38	BIM 施工场地布置 软件应用		148

目　　录

模块一　绪　　论

思政目标：以土木工程发展史与工程师的责任为例，激发学生个人理想、社会责任感，引导学生将个人理想与社会担当有机结合，树立正确的职业观、成才观，传承和发扬优秀传统文化、工匠精神等。

知识目标：了解土木工程领域主要从事的工作及特点，掌握土木工程各发展阶段的划分依据。

能力目标：能够对土木工程发展阶段进行划分，能够践行土木工程师的职责。

素质目标：培养学生坚定的理想信念与技术报国的决心。

项目一　土木工程的含义

土木工程（Civil Engineering）作为一个独立的科学技术分支诞生于18世纪的英国，英文单词中的Civil原意为民用的、非军事的，所以也可以直译为民用工程。土木工程关系到人类的衣食住行，是人类社会和产业的基础。

土木工程是建造各类工程设施的科学技术总称，它既指工程建设的对象，即建在地上、地下、水中的各种工程设施，也指工程所应用的材料、设备和进行的勘测设计、施工、养护、维修等技术。土木工程与建筑学、城市规划、建筑环境与设备工程、给水排水工程并列，下设岩土工程、结构工程、市政工程、供热供燃气通风及空调工程、防灾减灾工程及防护工程、桥梁与隧道工程6个二级学科。自出现人类活动便开始有了建设工程，从修建居所到改造自然都伴随着土木工程，工作内容包括工程规划、工程勘察、工程设计、工程施工、工程运维等。

土木工程师是主要从事地上、地下或水中的为人类生活、生产、军事、科研服务的房屋、道路、铁路（轨道）、桥梁、隧道、机场、堤坝、港口、电站、海洋平台、运输管道、给水和排水、防护工程等各种工程设施的规划、勘察、设计、建造（施工）、管理的技术人员。工程师的出现是近现代土木工程区别于古代土木工程的又一个显著标志。

项目二　土木工程的特点

土木工程中的建设设施是国民经济发展和人们生活的重要物质基础，在国民经济中占有举足轻重的地位，其发展水平可以体现国民经济的综合实力，反映一个国家的现代化水平，也可以在一定程度上反映人们的生活状况。从以前的秦长城，到现代的港珠澳跨海大桥无不展示着我国雄厚的经济实力和建造水平，土木工程在长期的发展过程中形成了以下特性。

1. 服务大众

土木工程的基础设施建设、水利工程、民生工程等服务性工程主要由国家或社会组织出资，达到共建共享目的，为人类营造干净整洁的城市环境，具有公共性质，多作为公共事业进行。

2. 基础建设

土木工程主要进行的是工业和民用基础设施的建设或改造，例如铁路交通、公路交通、水利水电、能源设施、给排水、住宅、工业厂房等。它是各产业发展的前提，要具备超前的规划、科学的构想、综合的把握、严密的计划。

3. 依托自然

土木工程建设的成果为结构物、设施，依附于自然界的工程建设对自然环境的影响不可忽视，建设过程中引发的地质灾害与环境污染等都会造成人类与自然不协调的局面，所以在土木工程建设过程中必须坚持人与自然和谐共生，牢固树立“绿水青山就是金山银山”的理念，营造健康向上和谐的人居环境。

4. 单向性

土木工程建设活动是不可逆的、不可重复的、一次建成的，不能反复试验。这就要求土木工程一旦开始建设就要认真仔细、严谨细致，将建设工程的每一步做好，层层递进，最终保证整个项目如期保质保量完成。

5. 影响因素多

土木工程建设项目实体大、单一性强、周期长，且多为室外作业，经常受到季节、气候、台风、地质条件等因素影响。

项目三　土木工程的发展

土木工程发展史大致可分为三个阶段，新石器时代（公元前 60 世纪—公元前 50 世纪）开始至 17 世纪中期为第一阶段，17 世纪中期到 20 世纪中期（第二次世界大战前后）的第二阶段，20 世纪中期直到现在为第三阶段。

一、土木工程发展的第一阶段

第一阶段的土木工程建设项目选用的材料主要是泥土、岩石、茅草和树干等天然材料，随着人类文明的发展，石制、铁制生产工具的发明使用，出现了砖、瓦等人工建筑材料，人类第一次摆脱了天然建材的制约。砖、瓦材料的耐久性、力学性能优于天然建材且可以就地取材，又易于加工制作，建筑材料得到了一定发展，极大扩展了土木工程的应用范围。宫室、陵墓、庙堂、道路、桥梁、水利工程及军事构筑物等有了一定规模的建设，在长期的建设探索中形成了木构架、石梁柱、拱等结构体系。

距今约 6000 年的陕西半坡遗址，是新石器时代仰韶文化聚落遗址，为母系氏族社会形态。遗址中房屋建造方式多数为半地穴式，使用的结构材料为天然木材或竹材，墙体多为木骨抹泥，屋顶多为茅草或草泥。另外还有约建于公元前 2600 年的埃及胡夫金字塔，我国自西周时期开始修建的长城、战国时期李冰父子修建的都江堰水利工程、建于隋代时期的赵州桥、明永乐四年（1406 年）开始建设的北京故宫等都是这一阶段的代表。

二、土木工程发展的第二阶段

17 世纪中期开始的产业革命带来了科学和技术的飞速发展，土木工程正是在这一时期发展成了一门独立学科，1771 年在英国成立了第一个土木工程师协会。19 世纪内燃机的发明使用，使得土木工程逐渐发展到包括房屋、道路、桥梁、铁路、隧道、水利、港口、市政等领域，建设项目不仅能够在地面开展，有些工程还能在地下或水域内修建。

土木工程发展的第二阶段在建筑材料方面取得了较大突破，主要表现在三个方面。

1. 混凝土、钢材及预应力混凝土等材料的使用

1824 年，英国人阿斯普丁发明了硅酸盐水泥，从而带动了混凝土结构的发展，19 世纪下半期，转炉炼钢法的成功极大地提高了钢材生产的产量和质量，土木工程中的钢筋混凝土应运而生。随着建设工程的发展，混凝土与钢筋材料的简单结合已经不能满足建设需要，预先在构件中施加力来抵消外荷载作用的用以减少结构变形和裂缝的预应力混凝土应运而生，进一步推动了钢筋混凝土结构的发展。建筑材料的发展也使建设工程中桁架结构、框架结构、组合结构逐步涌现，丰富了建筑结构体系。

2. 力学体系的建立

材料力学、理论力学、结构力学、土力学、工程结构设计理论等学科分支逐步形成，人类突破了以现象描述、经验总结为主的感性认知，开始利用比较严密的逻辑理论体系进行建筑设计，在土木工程方面完成了从经验建造到科学理论指导设计和施工的转变，极大促进了土木工程学科发展的深度和广度。

建筑结构的概念及发展应用

3. 施工机械和施工工艺的发展

开挖、运输、起重等各种施工机械的制造和应用，使服务于工程建设的机械设备大幅发展，进一步提高了施工效率和施工质量。最具代表性的是美国在 1931 年落成的 102 层的帝国大厦，它高 381 m，结构用钢 5 万余吨，内装电梯 67 部以及各种管网系统，保持世界最高建筑纪录达 41 年。

三、土木工程发展的第三阶段

计算机技术的飞速发展及广泛应用使土木工程领域出现了崭新的面貌，这一阶段土木工程在材料、理论、施工等方面取得快速发展。

功能材料的发展

1. 材料性能大幅提升

20 世纪 60 年代，建筑行业普遍推广锰硅钢，钢材性能得到较大改善，水泥性能也逐步改良、种类日益丰富。高强钢材与高性能混凝土的结合使预应力结构得到较大的发展，桥梁工程、房屋工程中广泛采用预应力混凝土。

2. 理论分析精细化、科学化

20 世纪 50 年代，美国、苏联开始将可靠性理论引入土木工程领域，同时引入计算机辅助设计、优化结构，建筑结构分析方法、结构抗力计算理论进一步完善和发展，建筑结构分析逐渐进入了从线性到非线性、从平面到空间、从构件到结构系统、从静态到动态、

从数值计算到数值仿真试验、从方案比较到优化设计的新阶段，推动土木工程建设不断向前发展。

3. 施工过程机械化

随着建设工程体量的扩大，施工器具、设备、机械向多类型、自动化、大型化发展，工程施工日益走向机械化和自动化，各种勘探设备、检测仪器的发明和应用使土木工程的决策建议和建设活动更加科学；建筑构件趋向标准化，工厂能够批量生产房屋、桥梁的各种构配件、组合体等，促进了装配式建筑的发展。

4. 建设工程立体化发展

高层建筑成为现代化城市的象征，道路成为连接城市的纽带，城市道路和铁路很多已采用高架，同时又向地下空间发展，地下商业街、地下停车库、地下油库日益增多。城市密布的电缆、给水管道、排水管道、供热管道、供燃气管道构成城市的脉络，土木工程正向着空间立体化方向发展。

项目四　土木工程师的责任

工程建设是推动社会发展的有力保障，世界范围内超高层建筑如雨后春笋般拔地而起，城市被密集的交通网络连接，人们的居住条件和出行方式也随着建设工程的发展逐步改变，一个又一个超级工程展现在世人面前。同时，工程建设引起的各种问题也随之而来，如何保证工程质量、环境和文化是土木工程师的重任。

1. 质量

保证工程质量，就要遵守规范、敬畏法律，一切建设活动必须依法有序地进行。为了调整国家及其有关机构、企事业单位、社会团体、公民之间在建设活动中发生的各种社会关系，国家权力机关或其授权的行政机关制定了一系列的建设工程法律法规和建设工程规范，每一位建设人员必须遵守法律法规，并按照相关规范要求从事建设活动，对于出现工程问题或事故的责任人将从严处理。

2. 环境

土木工程师在建设工程中应尽量减少对环境的影响，增强环境保护意识，合理利用各类资源，减少人类建设活动引起的土地沙化、草原退化、水土流失等问题，保护人类赖以生存的家园。

为达到建筑与环境的和谐，工程人员必须在规划、设计、施工和使用全生命周期中贯彻可持续发展观，树立“绿水青山就是金山银山”的理念。

3. 文化

建筑物或其他构筑物最根本的特征在于满足人的物质和精神追求，蕴含人类活动的各种意义，并富含深厚的人文精神。土木工程师在从事建设工程设计活动中作品能体现历史风貌或自然景观，在建设施工活动中需保护历史文化名城、名村及各类文物，并做好文化传承。

项目五　高职土木建筑人才培养目标与要求

一、培养目标

高职土木建筑人才培养目标是培养理想信念坚定、德技并修、全面发展，具有一定的科学文化水平、良好的职业道德和工匠精神、较强的就业创业能力，具有支撑终身发展、适应时代要求的关键能力，掌握建筑工程识图、工程施工、土建预算、组织管理和BIM施工应用等专业知识和技术技能，能处理生产现场较复杂的技术问题，符合建筑生产一线施工、质量、预算、管理、监理、建筑信息化等职业岗位要求，能够从事建筑工程施工与管理等工作的高素质技术技能人才。

二、培养要求

1. 素质要求

具有正确的世界观、人生观、价值观。树立中国特色社会主义共同理想，践行社会主义核心价值观，具有深厚的爱国情感和中华民族自豪感，遵守法律、遵规守纪，具有社会责任感。

具有良好的职业道德和职业素养。遵守、履行道德准则和行为规范，崇德向善、诚实守信、尊重劳动、爱岗敬业、知行合一，具有精益求精的工匠精神，具有质量意识、环保意识、安全意识、创新意识和信息素养，具有较强的集体意识和团队合作精神，能够理解企业战略和适应企业文化，保守商业机密。

具有良好的身心素质和人文素养。具有健康的体魄、心理和健全的人格，具有良好的行为习惯和自我管理能力；对工作、学习、生活中出现的挫折和压力，能够进行心理调适和情绪管理，具有一定的审美和人文素养。

2. 知识要求

掌握必备的思想政治基本理论、科学文化基础知识和中华优秀传统文化知识，掌握本专业必备的文化基础理论知识，熟悉与本专业相关的法律法规以及环境保护、安全消防等知识。

掌握投影、建筑工程图绘制及识读的基本知识，掌握本专业所必需的建筑力学知识，掌握建筑材料应用与检测的基本知识，掌握建筑构造及一般民用建筑初步设计和构造设计的基本知识，掌握施工图识读及标准图集应用的基本知识，掌握测量基本理论及测量仪器、工具的使用方法，熟悉建筑水电设备及智能建筑等相关专业的基本知识，掌握工程计量计价及预算的基本知识，掌握建筑各工种施工工艺施工管理、组织协调、质量管理、安全管理，编制施工方案的系统知识，掌握招投标、建筑工程资料管理的基本知识，掌握建筑相关软件（设计、预算、管理、资料、招投标）及常用办公软件基本知识，熟悉建筑新技术、新材料、新工艺、新设备方面的基本知识。

3. 能力要求

具备良好的语言、文字表达能力和沟通能力，能运用各种媒体获取和学习新知识，能探究学习、终身学习、分析问题和解决问题；可以运用数学、自然科学、工程基础知识等分析和解决专业中的问题。

能熟练识读土建专业施工图，能准确领会图纸的技术信息。能绘制土建工程施工图、竣工图和施工洽商图纸。能识读设备专业的主要施工图，具备施工图识读能力及标准图集应用能力。能对常用建筑材料进行选择、进场验收、保管与应用、见证取样，使用试验设备仪器，进行建筑材料性能和指标测试。能够熟练使用测量仪器工具，进行施工测量与建筑变形观测工作。能进行建筑初步设计和构造设计，能正确实施并处理施工中的建筑构造问题。能对结构和构件进行力学分析，掌握结构构件受力规律。能对施工中的结构问题作出基本判断和定性分析，具有分析和解决、处理一般结构构造问题的能力。具有工程计量计价及预算能力，编制建筑工程量清单报价。能参与施工成本控制及竣工结算，进行工程成本控制，能参与工程招投标。

具有实施一般水、暖、电、气安装工程的技术能力，能熟练操作计算机、使用建筑相关软件（设计、预算、管理、资料、招投标）及常用办公软件，并能用于组织建筑施工和指导施工作业。具有查阅相关建筑规范、标准的能力，掌握建筑各工种施工工艺并能指导施工。能对建筑工程进行施工管理、组织协调、质量管理、安全管理，编制施工方案并进行施工交底。能按照建筑工程进度、质量、安全、造价、环保和职业健康的要求科学组织施工和有效指导施工作业，并处理施工中的一般技术问题。能对建筑工程进行施工质量和施工安全检查与监控，能分析解决一般的质量缺陷和安全问题。能根据建筑工程实际收集、整理、编制、使用、保管、移交和归档工程技术资料。

按照高等学校土木工程专业指导委员会提出的土木工程专业培养方案要求，土木工程概论课程是一门必修专业基础课，主要阐述土木工程的重要性和土木工程学科所含的内容，介绍国内外最新技术成就和信息，展望未来。通过土木工程概论课程的学习，学生可以进校就了解土木工程的广阔领域，获得大量的信息及研究动向，从而产生强烈的求知欲，建立献身土木工程事业的信念。

巩固与提升

1. 土木工程发展的历史阶段有几个？
2. 列举出几个国内外优秀的建筑工程师的名字及他们的成就。
3. 列举出我国优秀的建设工程案例。
4. 你打算如何学习土木工程专业？职业生涯规划是什么？

拓展阅读

鲁　班

讲述鲁班故事
传承鲁班文化

鲁班（公元前507年—公元前444年），姬姓，公输氏，名班，字依智，春秋时鲁国人。

据说木工师傅们用的手工工具（如钻、刨子、铲子、曲尺，划线用的墨斗）都是鲁班发明的，而每一件工具的发明，都是鲁班在生产实践中得到启发，经过反复研究、试验出来的。这些木工工具的发明使当时工匠们从原始繁重的劳动中解放出来，劳动效率成倍提高，土木工艺出现了崭新的面貌。后来人们为了纪念这位名师巨匠，把他尊为中国土木工匠的始祖。鲁班的名字实际上已经成为古代劳动人民智慧的象征。

中国建设工程鲁班奖（国家优质工程）是中国建筑行业工程质量方面的最高荣誉奖，由住房和城乡建设部指导、中国建筑业协会颁发，每两年评选一次。

滕州市鲁班纪念馆主体建筑以“继承与发展”为设计理念，突出“百工圣祖”的特点，采用仿古与现代相结合的建筑风格，以鲁班发明的卯榫结构为主，混凝土框架为辅。该纪念馆是全国建筑体量最大、功能最全的纪念鲁班的专门场馆，充分发挥了“科技发明展示中心、寻根感恩祭拜中心、爱国主义教育中心、旅游休闲体验中心、鲁班文化传承中心”的功能。

模块二　土木工程材料

思政目标：以相关规范为准则，培养学生严谨细致、尊重事实、保护环境、遵守法规的意识。

知识目标：了解瓦类材料的分类，掌握砌块材料的划分依据，掌握不同类水泥的特性，准确复述水泥的物理指标，准确复述混凝土的技术指标及其测定方法，准确复述钢材中的有害元素。

能力目标：能够对砌块材料进行分类，能够对砌块材料进行外观质量检验，能够辨别瓦的不同类型，能根据工程需要选用合适的胶凝材料、混凝土，能够合理选用钢材并进行防火处理。

素质目标：强化学生认真仔细、求实明理、精益求精的意识。

项目一　砌　块　材　料

砌块

砌块材料在工程建设领域尤其是房屋建筑中广泛使用，主要起结构承重、分隔围护、保温隔热、隔声降噪等作用，具有施工简便、价格低廉的特点。

一、砖块

砖块是指砌筑用的人造小型块材，外形多为直角六面体，其长度不超过 365 mm，宽度不超过 240 mm，高度不超过 115 mm。制砖的原料较为广泛，除了黏土、页岩和天然砂以外，还有一些工业废料，如粉煤灰、煤矸石和炉渣等。

砖块按照生产所用原料可分为黏土砖、灰砂砖、粉煤灰砖、炉渣砖、页岩砖和煤矸石砖等；按照生产工艺可分为烧结砖和非烧结砖，烧结砖是经焙烧工艺得到，非烧结砖一般是通过蒸汽养护或蒸压养护得到；按照有无孔洞可分为实心砖和多孔砖、空心砖。

1. 烧结砖

烧结砖

烧结砖的生产工艺流程为：原料加工 → 配料调制 → 制作砖坯 → 干燥 → 焙烧 → 成砖。

在温度低于 900 ℃以下烧成的砖，称为欠火砖。欠火砖的孔隙率大，色浅、声哑、强度低。当温度高于 1200 ℃以上时生产出的砖，称为过火砖，过火砖的色深、声脆、强度高、尺寸不规则。

当砖窑中为氧化气氛时，会生成红色的高价氧化铁（Fe_2O_3）制得红砖（图 2－1）；当砖窑中为还原气氛时，高价氧化铁（Fe_2O_3）被还原为青灰色的低价氧化亚铁（FeO）制得青砖（图 2－2）。青砖比红砖强度高、耐久性好，在我国古代常用，但其成本高。青砖和红砖对于环境和耕地破坏较大，与“绿水青山就是金山银山”的理念不符，目前已禁止使用。

图2－1 烧结红砖

图2－2 烧结青砖

普通烧结砖在建设工程使用中需要着重注意形状尺寸、外观质量和强度等级三方面指标。

（1）形状尺寸。砖的标准尺寸为240 mm×115 mm×53 mm，习惯将240 mm×115 mm的面称为大面，将240 mm×53 mm的面称为条面，将115 mm×53 mm的面称为顶面。4块砖长、8块砖宽或16块砖厚加上砂浆缝的厚度（10 mm）排布开后长度均为1 m，1 m^3砖砌体的理论用砖量为512块。

（2）外观质量。《烧结普通砖》（GB/T 5101—2017）将砖的外观质量分为两条面高度差、弯曲、杂质凸出高度、缺角尺寸、裂纹长度和完整面几个方面，具体见表2－1。

表2－1 外观质量

mm

项目		指标
两条面高度差	≤	2
弯曲	≤	2
杂质凸出高度	≤	2
缺棱掉角的三个破坏尺寸	不得同时大于	5
裂纹长度 a. 大面上宽度方向及其延伸至条面的长度 b. 大面上长度方向及其延伸至顶面的长度或顶面上水平裂纹的长度	≤	 30 50
完整面[a]	不得少于	一条面和一个顶面
注：为砌筑挂浆面施加的凹凸纹、槽、压花等不算作缺陷。		

[a] 凡有下列缺陷之一者，不得称为完整面：

——缺损在条面或顶面上造成的破坏面尺寸同时大于10 mm×10 mm。

——条面或顶面上裂纹宽度大于1 mm，其长度超过30 mm。

——压陷、粘底、焦花在条面或顶面的凹陷或凸出超过2 mm，区域尺寸同时大于10 mm×10 mm。

资料来源：《烧结普通砖》（GB/T 5101—2017）。

（3）强度等级。《烧结普通砖》（GB/T 5101—2017）将砖分为 MU30、MU25、MU20、MU15 和 MU10 5 个强度等级。要求抽取的 10 块样本砖的平均抗压强度值大于 30. 0 MPa、25. 0 MPa、20. 0 MPa、15. 0 MPa 和 10. 0 MPa，并规定了强度变异系数不大于 0. 21 时的平均强度分别应不小于 22. 0 MPa、18. 0 MPa、14. 0 MPa、10. 0 MPa 和 6. 5 MPa；强度变异系数大于 0. 21 时的单块最小强度不小于 25. 0 MPa、22. 0 MPa、16. 0 MPa、12. 0 MPa 和 6. 5 MPa。

2. 非烧结砖

非烧结砖

没有经过高温烧结的砖称为非烧结砖，如蒸压（养）砖、免烧砖、碳化砖等。目前在土木工程中应用较多的是蒸压（养）砖，蒸压（养）砖是以石灰、电石废渣等钙质材料和砂、粉煤灰、炉渣等硅质材料经挤压成型，在常压或高压下蒸压而制成的砖，其主要品种有灰砂砖、粉煤灰砖和炉渣砖。

蒸压（养）灰砂砖主要用于工业和民用建筑的承重部位，可作为禁用实心黏土砖后的替代砖。由于蒸压灰砂砖中的一些水化产物（氢氧化钙、碳酸钙）不耐酸、不耐热，因此，不得用于长期受热高于 200 ℃以及承受急冷急热交替作用部位或有酸性介质侵蚀的部位，也不得用于有流水冲刷的部位。

3. 多孔砖和空心砖

多孔砖和空心砖大多以黏土、页岩、煤矸石、粉煤灰、淤泥、固体废弃物等为主要原料，经焙烧或压制而成。多孔砖和空心砖生产过程与实心砖基本相同，只是在生产砖坯时要形成孔洞，因此，要求原料有较高的可塑性。

多孔砖（图 2 – 3）孔洞率不小于 30%，孔的尺寸小且数量多，主要适用于承重墙体。

空心砖（图 2 – 4）孔洞率不小于 40%，孔的尺寸大且数量少，孔洞率大的烧结空心砖多用于围护结构。

图 2 – 3　多孔砖

图 2 – 4　空心砖

在建筑施工中用多孔砖和空心砖替代实心砖，可以使建筑物自重降低 25% 左右，节约能源 15% 左右，工效提高约 35%。多孔砖和空心砖改善了墙体的热工性能，在相同的隔声条件下多孔砖墙和空心砖砖墙的厚度减少可以减少半砖，因此国家大力推广多孔砖和空心砖的使用，发展高强度多孔砖和空心砖是墙体材料改革的方向。

多孔砖与空心砖不能用于地下结构或是具有防潮功能的墙体中，例如卫生间、浴室等墙体。

二、块材

块材是在土木工程中用于砌筑墙体的尺寸较大的一种材料，是常用的新型墙体材料。块材原材料来源丰富，制作简单，可利用地方材料和工业废料生产，具有施工灵活方便、效率高、改善墙体功能、适用面广等优点。目前，建筑工程中加气混凝土块材（图 2－5）应用较多，一般用于砌筑填充墙、隔墙。

图 2－5　加气混凝土块材

砌块中主规格的长度、宽度或高度有一项或几项尺寸分别大于 365 mm、240 mm 或 115 mm。主规格的高度在 115 ~ 380 mm 的砌块称为小型砌块，主规格的高度在 380 ~ 980 mm 的砌块称为中型砌块，主规格的高度大于 980 mm 的砌块称为大型砌块。

项目二　瓦

瓦作为屋面材料，主要起保温隔热、防渗漏等作用。随着现代建筑的发展和建筑功能的提高，屋面材料也由过去较单一的烧结瓦向多材质的瓦和复合板材发展，其功能也由过去单一功能向多功能方向发展，目前经常使用的有黏土类瓦、水泥类瓦和复合材料类瓦。

一、黏土类瓦

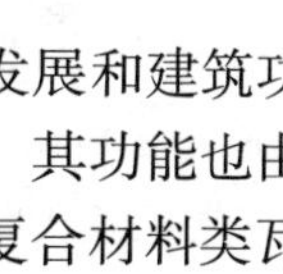

瓦的分类及特点

黏土类瓦是以黏土为主要原料制成，还需要经过高温烧制，使之具备防水功能、耐久和一定强度，一般也将黏土类瓦称为烧结瓦。瓦的成型方式有模压成型和挤压成型两种，通常根据形状、吸水率及表面状态来进行分类和命名。

黏土类瓦根据形状分为平瓦、脊瓦、三曲瓦、双筒瓦、鱼鳞瓦、牛舌瓦、筒瓦、滴水瓦、沟头瓦、J 形瓦、S 形瓦、波形瓦和其他异形瓦及其配件、饰件，如图 2－6 所示。

(a) 平瓦

(b) 脊瓦

(c) 三曲瓦

(d) 双筒瓦

(e) 鱼鳞瓦

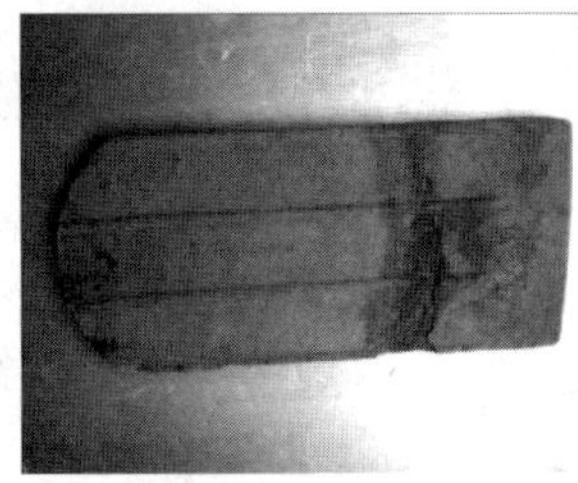

(f) 牛舌瓦

(g) 筒瓦

(h) 滴水瓦

(i) 沟头瓦

(j) J形瓦

(k) S形瓦

(l) 波形瓦

图 2－6　黏土类瓦

黏土类瓦根据吸水率可分为Ⅰ类瓦（吸水率≤6.0%）、Ⅱ类瓦（吸水率在 6.0% ~ 180.0%）和Ⅲ类瓦（吸水率在 10.0% ~ 18.0%）。

黏土类瓦根据表面状态可分为无釉瓦和有釉瓦。有釉瓦的表面经加工处理形成装饰薄膜层，色泽鲜艳，具有很强的装饰作用，最具代表性的有釉瓦是琉璃瓦。

琉璃瓦是用黏土制坯，经干燥、上釉后焙烧而成。这种瓦表面光滑、质地坚硬、色彩美丽，常用的有黄色、绿色、黑色、蓝色、青色、紫色等。琉璃瓦造型多样，主要有板瓦、筒瓦、滴水瓦、勾头瓦等，有时还制成飞禽、走兽等形象作为檐头和屋脊的装饰，是一种富有我国传统文化特色的屋面防水材料与装饰材料。琉璃瓦耐久性好，但成本较高，一般用于古建筑修复、庙宇维护、风景园林中亭台楼阁修建等，如图 2 – 7 所示。

图 2 – 7 琉璃瓦

黏土类瓦的物理性能主要包括抗弯曲性能、抗冻性能、耐急冷急热性、吸水率、抗渗性能等，物理性能合格的黏土类瓦按尺寸偏差和外观质量分为优等品和合格品两个产品质量等级。黏土类瓦自重大、质脆、易破损，在贮运和使用时应避免碰撞。

二、水泥类瓦

1. 混凝土瓦

混凝土瓦是以水泥、砂或无机的硬质细骨料为主要原料，经配料混合、加水搅拌、机械滚压或人工挤压成型、养护而成。混凝土瓦一般为灰色，颜色与水泥接近，如果在制瓦材料中添加着色剂就可以生产混凝土彩瓦。

混凝土瓦的规格以长度（mm）×宽度（mm）表示，可用来代替黏土瓦，具有耐久性好、成本低、便于工业化生产的特点。

2. 钢丝网石棉水泥波瓦

钢丝网石棉水泥波瓦是以石棉和水泥为基本原料，经制坯、夹层钢丝网、加压等工艺制成，主要用于房屋建筑的屋盖，内、外墙及轻型复合屋盖的承重板。钢丝网石棉水泥波瓦根据波纹大小分为钢丝网石棉水泥小波瓦和钢丝网石棉水泥中波瓦两种。

三、复合材料类瓦

1. 玻纤瓦

玻纤瓦（图 2 – 8）也称油毡瓦或沥青瓦，由改性沥青、玻璃纤维、彩色陶粒、自粘胶条组成。

图2-8　玻纤瓦

玻纤瓦每平方米重10 kg左右，具有隔热性能好、屋顶承重轻、经久耐用、美观环保、颜色多样、美观效果好、防水、耐腐蚀等优点，缺点是易老化、抗风性较弱，阻燃性差。玻纤瓦在江浙一带相对流行，适用于平改坡项目或木结构房子。

2. 彩钢瓦

彩钢瓦（图2-9）也称金属瓦、镀铝锌钢板瓦。它是由镀铝锌钢板压成瓦形，表面层可用彩色陶粒或进行烤漆处理。其特点是质轻、强度高，多用于钢结构建筑及平改坡项目。

图2-9　彩钢瓦

3. 玻璃钢波形瓦

玻璃钢波形瓦（图2-10）是以不饱和聚酯树脂和玻璃纤维为主要原料制成，其尺寸一般为长1800 mm、宽740 mm、厚0.8~2.0 mm。玻璃钢波形瓦具有质量轻、强度高、耐冲击、耐高温、耐腐蚀、透光率高、色彩鲜艳、生产工艺简单等优点，多用于屋面、车站月台、遮阳棚和通风口屋顶等部位。

图 2－10　玻璃钢波形瓦

项目三　胶　凝　材　料

胶凝材料，又称胶结料，是指通过自身的物理化学作用，由可塑性浆体变为坚硬石状体的过程中，能将散粒或块状材料黏结成为整体的材料，分为有机胶凝材料和无机胶凝材料两类。有机胶凝材料是以天然的或合成的有机高分子化合物为基本成分的胶凝材料，常用的有沥青、各种合成树脂等；无机胶凝材料是以无机化合物为基本成分的胶凝材料，根据其凝结硬化条件的不同，又可分为水硬性胶凝材料和气硬性胶凝材料两类。

胶凝材料分类及石灰的凝结硬化

水硬性胶凝材料是指不仅能在水中硬化，还能在空气中硬化，发展其强度的胶凝材料，建设工程中常用的水硬性胶凝材料主要为各类水泥。

气硬性胶凝材料是指只能在空气中硬化，发展其强度的胶凝材料，建设工程中常用的气硬性胶凝材料有石膏、石灰和水玻璃等。

一、水泥

1. 水泥的发展

水泥能胶结砂、石等材料，是既能在空气中硬化又能在水中硬化的粉末状水硬性胶凝材料。水泥是重要的建筑材料，用水泥制成的砂浆或混凝土，取材方便、坚固耐久，广泛应用于土木建筑领域。

1756 年，英国工程师约翰·斯密顿发现要获得水硬性石材，须采用含有黏土和石灰石的矿物原料烧制，这一发现奠定了水泥研制的理论基础。

1796 年，英国人詹姆斯·帕克用泥灰岩做原料烧出的水泥，具有良好的水硬性和快速凝结特性，成为天然水泥。

1824 年，英国建筑工人约瑟夫·阿斯谱丁用石灰石和黏土为原料，按一定比例混合煅烧成熟料，再经磨细制成水泥。因为水泥硬化后的颜色与英格兰岛上波特兰地区的建筑石头相似，所以被命名为“波特兰水泥”。波特兰水泥具有优良的建筑性能，是水泥发展史上的里程碑。

随着建筑项目面临的工程难题越来越多，对于水泥的性能也提出了更高的要求，适用于现代建筑业的复合水泥、特种水泥逐步发展。

水泥种类非常多，按水硬性物质不同可分为：硅酸盐水泥、铝酸盐水泥、硫铝酸盐水泥、铁铝酸盐水泥、铝酸盐水泥等。为了便于水泥的命名，按其用途及性能分为通用水泥（硅酸盐水泥、普通硅酸盐水泥、矿渣硅酸盐水泥、火山灰硅酸盐水泥、粉煤灰硅酸盐水泥、复合硅酸盐水泥）、专用水泥（油井水泥、大坝水泥、喷射水泥、海工水泥）和特种水泥（快硬水泥、低热水泥、膨胀水泥、耐酸水泥、耐火水泥）三类。

2. 水泥的生产

水泥的生产和组成

硅酸盐类水泥的生产工艺在水泥生产中具有代表性，它是以石灰石和黏土为主要原料，经破碎、配料、磨细制成生料，然后投入水泥窑中煅烧成熟料，再将熟料加适量石膏或外加剂磨细而成，水泥的制造工艺简称为“两磨一烧”。

水泥根据制备方法的不同，分为湿法生产与干法生产两种。湿法生产是指将原料加水磨成生料浆或生料浆脱水后，投放至湿法窑煅烧成熟料的方法；干法生产是指将烘干的原料磨成粉后投放至干法窑内煅烧成熟料的方法。

湿法生产的优点是操作简单、水泥成分容易控制、产品质量好、输送方便、生产扬尘少，缺点是能源消耗高；干法生产的优点是能源消耗低，缺点是生料成分不易均匀、车间扬尘大。

3. 各类水泥的特点及应用

1）硅酸盐水泥

硅酸盐水泥具有凝结时间短、快硬、早强、高强、抗冻、耐磨、耐热、水化放热集中、水化热较大、抗硫酸盐侵蚀能力较差的性能特点。

硅酸盐水泥用于配制高强度混凝土、预应力混凝土、低温环境施工的工程和一般受热的工程，不适用于大体积混凝土和地下工程，特别是有化学侵蚀的工程。

2）普通硅酸盐水泥

普通硅酸盐水泥与硅酸盐水泥性能相近，具有凝结时间短、快硬、早强、高强、抗冻、耐磨、耐热、水化放热集中、水化热较大、抗硫酸盐侵蚀能力较差的性能特点；但相比于硅酸盐水泥，早期强度增长速度稍有降低，抗冻性和耐磨性稍有下降，抗硫酸盐侵蚀能力有所增强。

普通硅酸盐水泥用于任何无特殊要求的工程，不适用于受热工程、低温环境施工工程、大体积混凝土工程和地下工程，特别是有化学侵蚀的工程。

3）矿渣硅酸盐水泥

矿渣硅酸盐水泥具有用水量小、早期强度低、后期强度高、水化热低、抗硫酸盐侵蚀能力强、受热性好的优点，但保水性和抗冻性差的缺点。

矿渣硅酸盐水泥可用于无特殊要求的一般结构工程，适用于大体积混凝土工程。在一般受热工程和蒸汽养护构件中可优先采用矿渣硅酸盐水泥，但不宜将其用于需要早强和受冻融循环、干湿交替的工程。

4）火山灰硅酸盐水泥

火山灰硅酸盐水泥具有较强的抗硫酸盐侵蚀能力、保水性好和水化热低的优点，但需水量大、低温凝结慢、干缩性大、抗冻性差的缺点。

火山灰硅酸盐水泥可用于水工工程、有防渗需求的工程以及有抗硫酸盐侵蚀需求的工程，不宜用于早期强度要求高的工程、有耐磨要求的工程及处于干燥环境的工程。

5）粉煤灰硅酸盐水泥

粉煤灰硅酸盐水泥具有与火山灰质硅酸盐水泥相近的性能，相比于火山灰质硅酸盐水泥，粉煤灰硅酸盐水泥水化需水量少、硬化干缩小。

火山灰质硅酸盐水泥和粉煤灰硅酸盐水泥可用于一般无特殊要求的结构工程，适用于地下、水利和大体积混凝土工程，不宜用于冻融循环、干湿交替的工程。

6）复合硅酸盐水泥

复合硅酸盐水泥具有水化热低、耐蚀性好的特点，能通过混合材料的复掺优化水泥性能，如改善保水性、降低需水量、减少干燥收缩、提高强度等。

复合硅酸盐水泥用于无特殊要求的一般结构工程，适用于地下、水利和大体积混凝土工程，特别是有化学侵蚀的工程，不宜用于需要早强和受冻融循环、干湿交替的工程。

7）快硬水泥

快硬水泥的生产过程和硅酸盐水泥基本相同，主要依靠调节矿物组成使得生产的水泥性质满足工程需求。快硬水泥具有凝结硬化快、早期强度及后期强度均高、抗冻性好、耐磨性好、与钢筋黏结力好、对钢筋无侵蚀作用，抗硫酸侵蚀性好、抗渗性好的优点，但水化放热大、易受潮变质。快硬水泥适用于机场跑道路面、桥梁、隧道和涵洞等紧急抢修工程。

掺混合材料的水泥

4. 水泥的物理指标

1）凝结时间

水泥的凝结时间分初凝时间和终凝时间。从水泥加水拌和算起到水泥浆开始失去可塑性所需的时间称为初凝时间；从水泥加水拌和算起到水泥浆完全失去可塑性、开始有结构强度所需的时间称为终凝时间。

水泥凝结时间的测定，是以标准稠度的水泥浆，在规定温度和湿度条件下，用凝结时间测定仪测定。水泥熟料矿物成分不同标准稠度用水量有所差别，越细的水泥标准稠度用水量越大。《通用硅酸盐水泥》（GB 175—2023）规定硅酸盐水泥初凝时间不小于 45 min，终凝时间不大于 390 min；普通硅酸盐水泥、矿渣硅酸盐水泥、火山灰硅酸盐水泥、粉煤灰硅酸盐水泥和复合硅酸盐水泥初凝时间不小于 45 min，终凝时间不大于 600 min。

2）体积安定性

水泥体积安定性是指水泥浆在凝结硬化过程中体积变化的均匀性。水泥硬化后产生不均匀的体积变化，即为体积安定性不良。水泥体积安定性不良的原因是其熟料矿物组成中含有过多的游离氧化钙或游离氧化镁，或水泥中掺加的石膏超量等。使用体积安定性不良的水泥，会使水泥制品、混凝土构件产生膨胀性裂缝、降低混凝土或砂浆的强度，甚至会引发工程质量问题，因此，水泥的体积安定性检验必须合格，体积安定性不合格的水泥作为废品处理。测量水泥体积安定性的方法有雷氏夹法和沸煮法，《通用硅酸盐水泥》（GB 175—2023）规定以沸煮法测定结果为准。

3）细度

水泥细度用比表面积表示，合格的比表面积数值在 300～400 m^2/kg。普通硅酸盐水泥、矿渣硅酸盐水泥、粉煤灰硅酸盐水泥、火山灰硅酸盐水泥、复合硅酸盐水泥的细度以 45 μm 方孔筛筛余表示，筛余量不小于 5%。当建设工程对于水泥细度有特殊要求的，由买卖双方协商确定细度指标，但必须符合国家强制性标准。

4）强度

水泥的强度是表示单位面积受力的大小，是指水泥加水拌和后，经凝结、硬化后的坚实程度，是选用水泥的主要指标。水泥的强度用强度等级表示，《通用硅酸盐水泥》（GB 175—2023）规定了水泥强度测定方法，根据测定结果划分水泥强度等级。硅酸盐水泥、普通硅酸盐水泥的强度等级分为 42. 5、42. 5R、52. 5、52. 5R、62. 5、62. 5R 六个等级；矿渣硅酸盐水泥、火山灰硅酸盐水泥、粉煤灰硅酸盐水泥的强度等级分为 32. 5、32. 5R、42. 5、42. 5R、52. 5、52. 5R 六个等级；复合硅酸盐水泥的强度等级分为 42. 5、42. 5R、52. 5、52. 5R 四个等级。

水泥技术性质　　水泥细度检验

二、石膏

石膏是以硫酸钙为主要成分的无机气硬性胶凝材料，石膏及其制品具有原料来源广泛、生产能耗低等许多优良的性质，在土木工程中得到了广泛应用，如粉刷石膏、轻质石膏墙板、石膏装饰件等。根据石膏中结晶水数量不同，石膏分为无水石膏（$CaSO_4$）、半水石膏（$CaSO_2 \cdot 1/2H_2O$）和二水石膏（$CaSO_4 \cdot 2H_2O$）。

建筑石膏是由二水石膏在 107～170 ℃的干燥条件下加热脱水生成，二水石膏在温度为 65～75 ℃时开始脱水，在 107～170 ℃时生成 β 型半水石膏［β－（$CaSO_2 \cdot 1/2H_2O$）］，即建筑石膏。

1. 石膏的水化

建筑石膏加水拌和与水发生水化反应，利用二水石膏比半水石膏溶解度小的特点，二水石膏在过饱和溶液中率先析出沉淀，直到半水石膏全部耗尽完成水化反应。

2. 石膏的凝结硬化

石膏浆体的凝结和硬化是一个连续的过程，石膏浆体中的自由水因水化反应和蒸发逐渐减少，浆体可塑性降低，石膏开始凝结，随着时间的推移逐渐形成强度，直到完全干燥，强度停止发展。

石膏凝结硬化

3. 石膏的性质

石膏具有密度小、孔隙率大、强度低、凝结硬化快、硬化时体积微膨胀、防火性能好、耐水性和抗冻性差的特点，是建筑装饰工程中石膏板、石膏线、吊顶板的主要材料。

石膏的性质

三、石灰

石灰是由石灰石矿物煅烧得到，石灰石在我国分布广泛，我国是世界上石灰石资源最为丰富的国家之一。石灰具有生产工艺简单、价格低廉的特点，至今在土木工程领域仍广泛应用。

1. 石灰的生产

石灰可通过煅烧获得，煅烧生产石灰的原料主要是石灰石、白垩等。将这些原料在 900～1100 ℃的高温下煅烧，石灰石中的碳酸钙分解为生石灰氧化钙和二氧化碳。生石灰呈白色或灰色块状，正常温度下煅烧得到的石灰具有多孔结构，烧透的石灰块体密度在 800～1000 kg/m^3。生石灰具有内部孔隙率大、晶粒细小、体积密度小、与水反应速度快的特点。

2. 石灰的熟化

建筑工程中使用的石灰为熟石灰，即生石灰熟化后的产物。石灰的熟化是指生石灰与水作用生成氢氧化钙的过程，这一过程又称为石灰的消解或消化。

生石灰熟化过程中会放出大量的热，熟化时体积增大 1～2.5 倍。煅烧良好、氧化钙含量高的石灰熟化较快，放热量和体积增大也较多。

生石灰熟化过程中为了消除过火石灰的危害，往往需要陈伏。陈伏是指石灰膏在储灰坑中放置 14 天以上的过程，使得过火石灰在这一时间段内逐步熟化。陈伏期间，石灰膏表面应保持有一层水分用来隔绝空气，以免氢氧化钙与空气中的二氧化碳反应。

3. 石灰的性质

石灰的性质

1）可塑性好

生石灰熟化为石灰膏时能生成颗粒极细的氢氧化钙，在表面水膜相互吸附作用下，氢氧化钙颗粒牢牢团聚在一起，使得石灰具有良好的可塑性。

2）硬化速度慢、强度低

石灰浆体的硬化主要依靠空气中的二氧化碳，石灰浆体表层硬化后形成碳酸钙外壳，阻断了空气中二氧化碳进入石灰浆体内部的部分通道，不利于碳化作用的发展，也不利于石灰浆体内部水分的蒸发，致使石灰硬化较慢。石灰硬化后的碳酸钙强度不高，一般不单独作为砌筑黏结材料。

3）硬化时体积收缩

石灰在硬化过程中，由于大量的游离水蒸发，引起体积收缩，形成收缩裂缝，因此，石灰不宜单独使用，在使用过程中常常掺入纸巾等各种纤维材料以增强石灰的抗拉强度，减少收缩。

4）耐水性差

潮湿环境下，石灰内部未完全碳化的氢氧化钙会溶解于水，降低石灰的强度，因此，石灰不宜在潮湿的环境中使用，例如地下室、卫生间、厨房等位置。

5）吸湿性强

块状生石灰在放置过程中会缓慢吸收空气中的水分自动熟化，并与空气中的二氧化碳发生反应生成碳酸钙。贮存生石灰过程中要防止受潮，且不宜长期贮存。生石灰受潮熟化时会放出较多热量，体积膨胀，所以生石灰的贮存和运输环境需干燥、通风，且不得与易燃易爆等危险品混放。

4. 欠火石灰与过火石灰

品质优良的石灰呈洁白或略带灰色，质量轻，石灰在烧制过程中常由于石灰石原料粒径过大或煅烧时间控制不当而含有欠火石灰和过火石灰。欠火石灰是指由于生产石灰的原料尺寸过大、煅烧温度偏低或煅烧时间不充足，石灰石中的碳酸钙未完全分解的石灰；过火石灰是指石灰生产时局部煅烧温度过高，石灰表面形成熔融物将内部石灰包裹，大大增加石灰熟化所需时间的石灰。

欠火石灰不能熟化，降低了石灰的利用率，也会降低石灰的胶结强度；过火石灰表面的玻璃釉状物包裹使得石灰熟化很慢，当正常石灰膏已经硬化后，过火石灰颗粒才开始缓慢与水反应，并伴随着体积膨胀。总之，欠火石灰与过火石灰对建设工程都是有害的，石灰使用中应加强材料的检验检测。

四、水玻璃

水玻璃又称为泡花碱，是一种能溶于水的碱金属硅酸盐，由不同比例的碱金属和二氧化硅组成。根据碱金属氧化物种类不同可分为硅酸钠水玻璃（$Na_2O \cdot nSiO_2$）和硅酸钾水玻璃（$K_2O \cdot nSiO_2$）等，硅酸钠水玻璃最常用。

1. 水玻璃的生产

水玻璃可采用湿法或干法生产。湿法生产硅酸钠水玻璃时，将石英砂和苛性钠溶液在0.2～0.3 MPa的蒸压锅内用蒸汽加热并加搅拌，经过一系列化学反应生成液体水玻璃；干法生产是将石英砂和碳酸钠磨细拌匀，在1300～1400 ℃熔炉内熔化生成固体水玻璃，然后在水中加热溶解而成液体水玻璃。

液体水玻璃因所含杂质不同呈现青灰色、绿色或淡黄色，没有杂质的水玻璃呈无色透明状。液体水玻璃可以与水按任意比例混合成不同浓度的溶液，同一摩尔比的液体水玻璃越稠，则相对密度越大，黏结力越强。

2. 水玻璃的硬化

水玻璃的硬化是指液体水玻璃在空气中吸收二氧化碳形成无定形硅酸的过程。常规情况下，水玻璃的凝结硬化速度慢，在使用过程中为了加快反应速度需要将水玻璃加热或加入硅氟酸钠作为催化剂。

硅氟酸钠的使用需要适量，用量过少不仅会使硬化速度慢、强度降低，还会使材料的耐水性差；若硅氟酸钠用量过多，又会使凝结硬化速度过快，造成施工困难。

3. 水玻璃的性质与应用

水玻璃有良好的黏结能力，硬化时析出的硅酸凝胶有堵塞毛细孔隙防止水渗透的作用。水玻璃不仅具有优良的耐酸性能，能抵抗大多数无机酸和有机酸的侵蚀，还具有不能燃烧的特点，在高温下硅酸凝胶强度略有增加。

在建筑工程中，水玻璃主要应用于配制防水剂、配制耐酸砂浆和耐酸混凝土、耐热砂浆和耐热混凝土，生产防渗注浆材料。将液体水玻璃与耐火填料混合调成糊状的防火漆，涂刷在可燃或易燃物表面具有抵抗瞬间火焰的作用。

项目四　混　凝　土

混凝土是由胶凝材料、粗骨料、细骨料和水，以及必要的外加剂、矿物掺合料等，经浇筑成型后，养护硬化而成的具有固定形状和一定强度的人造石材，又称“人工石”，混凝土也可简写为“砼”。

混凝土中水泥与水形成的水化产物包裹在石子面上，填充石子骨料之间的空隙，水泥浆硬化后将骨料胶结为一个整体，形成具有强度和一定形状的块体材料。混凝土的性能在很大程度上取决于组成材料的性能。因此，必须根据工程性质、设计要求和施工现场条件合理选择原料的品种、质量和用量等。

一、混凝土的组成

传统上普通混凝土由水泥、细骨料、粗骨料、拌合水和掺合料五种材料组成。面对现今复杂的建设工程，为了提升混凝土的适用性，还需要在混凝土中加入适宜的外加剂增强其适用性，外加剂已成为现代混凝土的第六组成材料。

混凝土的组成及分类

混凝土的技术性质在很大程度上是由原材料的性质及外加剂决定的，同时也与配合比、搅拌方式、养护龄期、养护方法有关，要获得满足设计性能要求的混凝土，必须了解其原材料的性质、作用及其质量要求，合理选择原材料。

1. 水泥

水泥品种的选择主要根据工程结构特点、工程所处环境及施工条件确定。

混凝土设计强度等级越高，则水泥强度等级也宜越高；设计强度等级低，则水泥强度等级也相应低。例如：C40 以下混凝土，一般选用强度等级标号为 32. 5 的水泥；C45 ~ C60 混凝土一般选用强度等级标号为 42. 5 的水泥，在采用高效减水剂时也可选用强度等级标号为 32. 5 的水泥；对于 C15 以下的混凝土宜选择强度等级标号为 32. 5 的水泥，并加入粉煤灰等混合材料。

2. 细骨料

公称粒径在 0. 15 ~ 4. 75 mm 之间的骨料称为细骨料，常用的细骨料有河砂、海砂、山砂和机制砂等。通常根据技术要求分为Ⅰ类、Ⅱ类和Ⅲ类。Ⅰ类用于强度等级大于 C60 的混凝土，Ⅱ类用于 C30 ~ C60 的混凝土，Ⅲ类用于小于 C30 的混凝土。

河砂是天然石在自然状态下，经过河水冲击和侵蚀而形成的有一定质量标准的建筑材料，其成分较为复杂、表面有一定光滑性，经常用于混凝土的制备。海砂可用于配制素混凝土，为了防止氯离子对钢筋的锈蚀作用，不能直接用于配制钢筋混凝土，如要配制钢筋混凝土，其必须经过淡水冲洗，使有害成分含量减少到规范要求以下。山砂可以直接用于一般工程的混凝土结构，当用于重要结构物时，必须通过坚固性试验和碱活性试验。机制砂是卵石或岩石用机械破碎后通过冲洗、过筛制成的建筑材料，大部分混凝土工程中均可使用。

细骨料试验检验的质量指标主要为有害杂质含量、颗粒形态、坚固性、颗粒级配、含水状态等。

3. 粗骨料

颗粒粒径大于4.75 mm 的骨料称为粗骨料，混凝土中的骨料有碎石和卵石两大类。碎石为岩石经过人工破碎、筛分得到，卵石多为自然形成的河卵石经过筛分得到。

对于粗骨料的选择主要考虑最大粒径、颗粒级配、强度、杂质及有害物质含量。从混凝土耐久性考虑，应特别注意粗骨料的碱活性。经检验具有碱活性或潜在碱活性时，则不宜用作混凝土骨料。如必须采用上述骨料，则应采用低碱水泥、掺加能抑制碱—骨料反应的掺合料等技术措施，并应进行骨料碱活性试验，检验上述措施对骨料碱活性的抑制效果。

4. 拌合水

根据《混凝土用水标准》（JGJ 63—2006）的规定，凡符合国家标准的生活饮用水，均可拌制各种混凝土。海水可拌制素混凝土，但不宜拌制有饰面要求的素混凝土，更不得拌制钢筋混凝土和预应力混凝土。在野外或山区施工采用天然水拌制混凝土时，均应对水的有机质、Cl^- 和 SO_2^- 含量等进行检测，合格后方能使用。

5. 掺合料

在混凝土搅拌前或搅拌过程中加入的天然或人工矿物粉状材料，统称为矿物掺合料或掺合料。掺合料多数以氧化硅、氧化铝为主要成分，它与水泥生产时加入的混合材料不同，矿物掺合料必须是达到一定细度的粉末状材料。

随着现代土木工程对混凝土材料要求的不断提高，矿物掺合料已成为混凝土中不可缺少的材料。常用的矿物掺合料有粉煤灰、粒化高炉矿渣粉、硅灰、天然沸石粉、磨细煤矸石等。为进一步提高混凝土性能，矿物掺合料正向超细化、复合型方向发展。

6. 外加剂

外加剂是指能有效改善混凝土某项或多项性能的一类材料。其掺量一般占水泥含量的5%以下，却能显著改善混凝土的和易性、强度、耐久性、调节凝结时间并节约水泥。外加剂的应用促进了混凝土技术的飞速进步，使得高强及高性能混凝土的生产和应用成为现实，并解决了许多工程技术难题。例如混凝土远距离运输和高耸建筑物的泵送问题、紧急抢修工程的早强速凝问题、大体积混凝土工程的水化热问题、纵长结构的收缩补偿问题、地下建筑物的防渗漏问题等。目前外加剂已成为混凝土中除水泥、细骨料、粗骨料、拌合水、掺合料以外的第六组成材料，应用越来越广泛。

混凝土外加剂根据其主要功能分类，主要包括：改善混凝土流变性能的外加剂，例如减水剂、引气剂、泵送剂等；调节混凝土凝结硬化性能的外加剂，例如缓凝剂、速凝剂、早强剂等；调节混凝土含气量的外加剂，例如引气剂、加气剂、泡沫剂等；改善混凝土耐久性的外加剂，例如引气剂、防水剂、阻锈剂等；提供混凝土特殊性能的外加剂，例如防冻剂、膨胀剂、着色剂、引气剂和泵送剂等。

二、混凝土的分类

混凝土按表观密度分，可分为轻混凝土、普通混凝土和重混凝土三类。轻混凝土的表观密度不大于1950 kg/m^3，主要由质地轻的材料制成，在制作过程提高孔隙率以减轻自重，经常用于有保温隔热功能要求的部位或是隔墙部位；普通混凝土的表观密度在1950～2500 kg/m^3 之间，它是用普通砂、粗骨料等材料制作的，在建设工程中应用最广泛；重混凝土的表观密度大于2600 kg/m^3，它是用钢球、铁矿石、重晶石等密度较大的骨料制备，具有防辐射的作用，多用于核电站、医院具有辐射保护的部位。

混凝土按生产方法可分为商品混凝土和现场拌制混凝土两类。商品混凝土是指将水泥、粗骨料、细骨料、水、外加剂和其他掺合料等组分按预定配合比在商混站经过拌制得到，经过检验合格后运往施工现场的混凝土拌合物。这种混凝土对于施工单位具有节省场地空间、混凝土质量好、使用方便等优点，现在建设工程大多采用商品混凝土。现场拌制混凝土是指在建筑工程施工现场将水泥、骨料、水等按比例计量后，用机械或人工方法现场拌和的混凝土，具有随拌随用、节约成本的优点，一般在小型的建筑工程中使用。

三、混凝土的技术指标

1. 混凝土的和易性

混凝土的和易性也称工作性，是指混凝土拌合物易于搅拌、运输、浇捣成型，并获得质量均匀密实的一项综合技术指标，包含流动性、黏聚性和保水性三项指标。混凝土流动性是指混凝土搅拌物在本身自重或机械振捣作用下产生流动，能均匀密实流满模板的性能，它反映了混凝土搅拌物的稀稠程度及充满模板的能力；黏聚性是指混凝土拌合物在运输、浇筑过程中不易发生分层、离析，保持拌合物整体均匀的性能；保水性是指新拌混凝土具有一定的保水能力，在施工过程中不致产生严重泌水现象的性能。

混凝土的和易性

混凝土拌合物的和易性是一项综合技术指标，一般是用坍落度试验测定混凝土拌合物的流动性，再辅以直观经验评定黏聚性和保水性。和易性良好的混凝土是指既具有满足施工要求的流动性，又具有良好的黏聚性和保水性。通常情况下，混凝土拌合物的流动性越大，则保水性和黏聚性越差。

2. 混凝土的凝结时间

混凝土的凝结时间与水泥的凝结时间有相似之处，由于骨料的掺入、水灰比的变动及外加剂的应用，又使得凝结时间存在一定差异。水灰比增大，混凝土凝结时间延长；早强剂、速凝剂使混凝土凝结时间缩短；缓凝剂使混凝土凝结时间大大延长。

混凝土的凝结时间分初凝时间和终凝时间。初凝时间指混凝土加水至开始失去塑性所经历的时间，表示施工操作的时间极限；终凝时间指混凝土加水到产生强度所经历的时间。混凝土的初凝时间应适当延长，以便于施工操作；终凝时间应适当变短，使混凝土尽快具备强度。

混凝土凝结时间的测定采用贯入阻力法，影响混凝土实际凝结时间的因素主要有水灰比、水泥品种、水泥细度、外加剂、掺合料和气候条件等。

3. 混凝土的强度

强度是混凝土最重要的指标，混凝土的其他性能与强度均有密切关系。混凝土强度是配合比设计、施工管理和质量检验评定的主要技术指标，主要有抗压强度、抗拉强度和抗折强度。

混凝土的强度

混凝土的抗压强度是指标准试件在压力作用下遭到破坏时，单位面积所能承受的最大压力。用标准立方体试件测定的混凝土抗压强度值作为划分混凝土强度等级的标准，并以此作为评定混凝土质量的重要指标，在实际工程中提到的混凝土的强度一般就是指立方体抗压强度。为了使测得的混凝土强度接近构件的实际情况，在钢筋混凝土结构计算梁、柱、桁架腹杆轴心受压构件时，采用混凝土轴心抗压强度作为设计依据。

混凝土的抗拉强度对于混凝土抗裂性具有重要意义，是结构设计中裂缝宽度控制和裂缝间距计算的主要指标，也是抵抗干燥收缩和温度收缩裂缝的主要指标。混凝土的轴心抗拉强度试验设备复杂，测试困难，一般采用劈裂法间接测定混凝土的抗拉强度，即劈裂抗拉强度。混凝土抗拉强度一般为抗压强度的1/20～1/10，混凝土抗压强度越高，其拉压比越小。

抗折强度也称弯拉强度，对于混凝土道路、桥梁面板和飞机跑道的结构设计、质量控制与验收等环节，抗折强度是主要的强度指标，抗压强度仅作为参考。

4. 混凝土的变形

混凝土在凝结硬化过程中及凝结硬化以后，均将产生一定的体积变形，混凝土的变形主要分为非荷载作用下的变形和荷载作用下的变形两大类。

非荷载作用下的变形主要是由于混凝土本身及环境因素引起的各种物理化学变化而产生，主要包括塑性收缩、化学收缩、干湿变形、温度变形以及碳化收缩等几种。塑性收缩是混凝土拌合物在硬化前处于塑性阶段时，由于固体颗粒下沉，表面产生泌水而引起的混凝土体积减小，塑性收缩一般为混凝土体积的1%左右。化学收缩是由于水泥水化产物的体积小于反应前水泥和水的总体积，从而使混凝土出现体积收缩。干湿变形是混凝土周围环境湿度变化引起混凝土内部毛细管水和凝胶粒子表面吸附水变化导致的体积变形，包括干缩变形和湿胀变形两种。温度变形是混凝土温度每变化1 ℃将产生0.01 mm的膨胀或收缩变形，混凝土的温度变形对大体积混凝土、纵长结构混凝土及大面积混凝土工程等极为不利，因此在这些混凝土工程中均要设置伸缩缝、配制温度钢筋或掺入膨胀剂，防止混凝土开裂。碳化收缩是混凝土碳化引起的体积收缩变形，碳化收缩会在混凝土表面产生拉应力，导致混凝土表面产生微裂缝，碳化收缩的程度与空气的相对湿度有关，当相对湿度为30%～50%时，收缩值最大。

混凝土在荷载作用下的变形包括弹性变形和塑性变形两部分：弹性阶段应力水平越高，变形越大，外荷载消失后变形恢复；塑性变形主要由水泥凝胶体的塑性流动和各组成分间的滑移产生，外荷载消失后变形不能恢复。

5. 混凝土的耐久性

混凝土的耐久性是指在外部和内部不利因素的长期作用下保持其原有设计性能和使用功能的性质，是混凝土结构经久耐用的重要指标。外部因素是指酸、碱、盐的腐蚀作用、冰冻破坏作用、水压渗透作用、碳化作用、干湿循环作用、荷载应力作用和振动冲击作用等；内部因素主要是指碱骨料反应和自身体积变化。混凝土的耐久性通常用混凝土的抗渗性、抗冻性、抗侵蚀性能、抗碳化性能和碱骨料反应等指标综合评价。

混凝土的抗渗性是指混凝土抵抗压力液体渗透作用的性能。它是决定混凝土耐久性的主要因素。混凝土内部存在连通的渗水孔道，在压力液体作用下产生渗透。这些孔道来源于水泥浆中多余水分蒸发留下的毛细管道、混凝土浇筑过程中泌水产生的通道、混凝土拌合物振捣不密实、混凝土变形产生的裂缝等。

混凝土的耐久性

混凝土的抗冻性是指硬化混凝土在水饱和状态下，经受多次冻融循环作用，仍能保持强度和外观完整性的性能。混凝土内部毛细孔中水结冰产生膨胀应力，当这种膨胀应力超过混凝土局部抗拉强度时，就可能产生裂缝，往复冻融循环作用下混凝土内部细微裂缝逐渐增多、扩大，导致混凝土产生疏松剥落，直至破坏。

混凝土的抗侵蚀性能是指混凝土抵抗环境介质对其侵蚀、弱化混凝土物理力学指标的性能。外界环境对混凝土的侵蚀通常有软水侵蚀、硫酸盐侵蚀、镁盐侵蚀、碳酸侵蚀等，可以通过选择合适的水泥品种、提高混凝土密实度、降低水胶比、掺加外加剂和掺合料等措施提高混凝土的抗侵蚀性。

混凝土的抗碳化性能是指混凝土内部氢氧化钙不与环境中的二氧化碳反应生成碳酸钙和水的性能。通常情况下钢筋混凝土结构中的钢筋处于碱性环境中，钢筋表面能够形成一层保护钢筋不致锈蚀的钝化膜，由于混凝土的碳化，钝化膜对钢筋的保护作用被削弱或破坏，促使锈蚀反应的发生，锈蚀的钢筋体积膨胀，引起混凝土开裂；另外，碳化作用使混凝土的收缩性增大，混凝土表面产生拉应力，从而降低了混凝土的抗拉强度和抗折强度。

混凝土的碱骨料反应是指混凝土硬化后其内部所含的碱（氢氧化钠和氢氧化钾）与骨料中的活性成分发生化学反应，生成吸水膨胀物质，引起混凝土开裂的现象。碱骨料反应时间较为缓慢，短则几年，长则几十年，针对发生碱骨料破坏的混凝土目前还没有补救措施，因此称为混凝土的“癌症”。

四、混凝土的优缺点

混凝土在土木工程中得到广泛应用，其优点和缺点都比较明显。

1. 混凝土的优点

（1）原材料来源广泛，造价低廉。混凝土中的砂石便于就地取材，能降低运输成本，且材料成本低。

（2）性能按需要调节。通过调整原材料种类和比例，可配制不同性能的混凝土，满足不同工程的需要。

（3）可模性好。混凝土可以根据支设的模板浇筑成任意形状，能满足建筑工程中绝大部分造型需求。

（4）抗压强度高。混凝土硬化后有较高的抗压强度，通过改善配合比、外加混合材等措施，混凝土强度等级已经高达 150 MPa。

（5）耐久性好。混凝土在一般条件下耐久性较好，受外界环境影响小，并具有较高的耐火性，能有效保护内部钢材，维修费用低。

（6）可与钢筋共同作用。混凝土与钢筋有牢固的黏结力，两者的线膨胀系数相近，与钢筋共同使用可以有效改善混凝土结构的性能。

2. 混凝土的缺点

（1）抗拉强度低。混凝土抗拉强度一般为抗压强度的 1/20 ~ 1/10，受拉时变形能力小，容易开裂。

（2）自重大。普通混凝土表观密度为 2500 kg/m^3 左右，自重较大，致使地基处理难度大，不宜用于高层建筑和地质不良区域。

（3）生产周期长。混凝土成型至形成强度，再到拆模经历的时间较长，对于工期紧张的建筑工程施工不利。

（4）回收利用困难。混凝土材料是由多种材料混合制成，其回收利用过程中需要投入的成本大，不便于二次利用。

项目五　钢　　　材

钢材的基本知识

钢是以铁为主要元素的铁碳合金，含碳量一般在 0.04% ~2.06% 之间，并含有少量的其他金属元素。

钢材强度高，品质均匀，具有良好的弹性和塑性变形能力，能够承受冲击荷载、振动荷载等。钢材可加工性好，能进行各种机械加工，可以铸造成型，利用切割、铆接或焊接等多种方式连接，进行装配施工，在土木工程领域大量使用，例如钢管、圆钢、角钢、槽钢、H 型钢、工字钢、T 型钢、钢板、钢筋与钢丝等，如图 2 –11 所示。为满足建设工程中超高层、大跨度结构以及缩短施工等要求，采用重量轻、施工方便的钢结构建筑越来越多。

(a) 钢管

(b) 圆钢

(c) 角钢

(d) 槽钢

(e) H型钢

(f) 工字钢

(g) T型钢　(h) 钢板　(i) 钢筋　(j) 钢丝

图2-11　钢材类型

一、钢材中的主要元素

影响钢材性能的主要化学成分是碳，还有少量的硅、锰、钛、钒、磷、硫、氧、氮等元素。

1. 碳

碳对钢的影响具有两面性，碳含量的提高可以显著提升钢材的抗拉强度，但会使得钢材的塑性降低、脆性增强、可焊性减弱。

2. 硅

硅是在炼钢过程中为脱氧加入的，是钢材中的有益元素。钢中含硅量小于1%时，能显著提高钢的强度，而对塑性及韧性没有明显影响。硅是我国钢筋中主要加入的元素。

3. 锰

锰是炼钢时为脱氧去硫加入的，是钢材中的有益元素。锰能消除钢的热脆性，改善钢材热加工性，适量锰的加入能提高钢的强度和硬度，且几乎不降低塑性和韧性。

4. 钛、钒

钛是强脱氧剂，钒是弱脱氧剂，是钢材中的有益元素，能细化晶粒，显著提高钢的强度和冲击韧性，使钢材热敏感性降低。

5. 磷、硫

磷、硫是钢中的有害元素，是冶炼过程中的夹杂物，会使钢的热脆性增大，热加工性和可焊性明显降低。

6. 氧

氧是钢中的有害杂质，主要存在于非金属夹杂物内，使钢的韧性、可焊性降低。

7. 氮

氮对钢的影响与碳、磷相似，虽然会使钢的强度提高，但会使塑性及韧性显著下降，降低可焊性。

二、钢材的性能

钢材的性能主要包括力学性能、加工性能和化学性能等，在建设工程中主要考虑钢材的力学性能和加工性能。

钢材的力学性能

1. 力学性能

1）抗拉性能

抗拉性能是建筑钢材的主要力学性能。低碳钢从受拉到断裂会经历四个阶段，分别是：弹性阶段、屈服阶段、强化阶段和颈缩阶段。弹性阶段反映了钢材的弹性变形能力，屈服阶段反映了钢材的塑性变形能力，强化阶段反映了钢材内部组织变化情况，颈缩阶段反映了钢材断裂过程。

2）冲击韧性

冲击韧性是指钢材抵抗冲击荷载的能力，一般用断口单位面积上所消耗的能量多少来表示。钢材的韧性除决定于钢材质量外，还受环境温度的影响。钢材在低温下会变脆，这一性质称为钢材的冷脆性。

3）塑性

钢材在外力作用下产生永久变形但不被破坏的性能称为塑性，塑性是评定钢材质量的重要指标，通过伸长率和断面收缩率反映，建筑钢材通常以伸长率来评判钢材的塑性。

4）耐疲劳强度

钢材试件在交变载荷的反复作用下，在规定周期内不发生断裂所能承受的最大应力称为钢材的耐疲劳强度。钢材的疲劳破坏一般是由拉应力引起的，所以钢材的抗拉强度越高，其疲劳极限也越高。

5）硬度

钢材局部抵抗外荷载产生塑性变形的能力称为硬度，硬度是衡量钢材软硬程度的指标，一般用布氏硬度和洛氏硬度测定。

2. 加工性能

钢材的工艺性能

钢材的加工性能也称为工艺性能，主要包括冷弯性能和焊接性能两类。

1）冷弯性能

冷弯性能是指钢材在常温下承受弯曲变形的能力，冷弯性能通过冷弯试验反映，是评定钢材质量的综合指标。

2）焊接性能

焊接性能是指钢材之间通过焊接方法连接在一起的结合性能，是钢材固有的焊接特性，也称为可焊性。钢材焊接性能的好坏主要取决于钢材中的碳及合金元素的含量，硫、磷会明显降低钢的可焊性，焊接性能好的钢材焊口处不易形成裂纹、气孔、夹渣等缺陷，且焊口处的强度与焊接体相近。

三、钢材的防火

1. 钢材的高温性能

钢材属于不燃烧材料，常温下性能优良，是优质的建筑材料，但在火灾或高温条件下必须考虑温度对钢材性能的影响。当外界温度小于 175 ℃时，受热钢材的强度略有升高，随后强度伴随温度的升高急剧下降；当温度为 500 ℃时，受热钢材的强度仅为其常温强度的 30%；当温度达到 750 ℃时，可认为钢材强度已全部丧失。

2. 钢材防火材料

为了避免高温对钢材力学性能的不利影响，在钢结构中应采取防火措施加以预防，特别是对于大跨度钢结构和高层钢结构建筑，一般采取覆盖防火板或涂刷防火涂料措施。在钢筋混凝土结构中，应保证钢筋有一定厚度的混凝土保护层。建筑中用于钢材的防火材料主要有混凝土、石膏、矿物纤维和膨胀涂料等。

（1）混凝土作为防火保护材料。最早、最广泛被用作钢材防火保护材料的是混凝土。根据混凝土材料比钢材耐火这一性能特点，混凝土作为防火材料可以延缓金属构件的升温，并可承受与其面积和刚度成比例的一部分荷载。

（2）石膏作为防火保护材料。利用石膏在高温时失去结晶水降低材料表面温度的性质，以增强钢材耐火性能。石膏作为防火材料，既可做成板材粘贴于钢构件表面，也可制成灰浆涂抹或喷涂到钢构件表面上。

（3）矿物纤维作为防火保护材料。矿物纤维具有不燃烧、抗化学侵蚀、导热性低、隔音性能好的特点，是最有效的轻质防火材料，可制成防火涂料或防火板材使用。

（4）膨胀涂料作为防火保护材料。膨胀涂料是一种有发展前景的防火材料，类似于油漆，直接喷涂于金属表面，黏结和硬化过程与油漆相同，涂料层上可直接喷涂装饰油漆。膨胀涂料不透水，抗机械破坏性能好，遇到火灾时涂料膨胀，能有效保护钢材，耐火极限可达 2 h，是目前常用的防火材料之一。

四、钢材的选用

土木工程中常用的钢材可分为钢筋（丝）和型钢两大类，均以碳素结构钢和低合金高强度结构钢为钢种，经过热轧或冷加工强化及热处理等工艺加工制成，钢筋和型钢的性能主要取决于所用的钢种及其加工方式。

建筑中常用的钢材

1. 钢筋

钢筋主要用于混凝土结构中，是土木工程中用量最大的钢材之一，主要有热轧钢筋、冷轧钢筋及预应力混凝土用钢丝和钢绞线几类。

1）热轧钢筋

用加热钢坯轧成的条形成品钢筋，称为热轧钢筋。它是建筑工程中用量最大的钢材品种之一，主要用于钢筋混凝土和预应力混凝土结构的配筋。

热轧钢筋按其轧制外形分为热轧光圆钢筋（HPB300，Ⅰ级钢筋）、热轧带肋钢筋

（HRB 400、HRB 400E、HRBF 400、HRBF 400E，Ⅱ级钢筋；HRB 500、HRB 500E、HRB F500、HRBF 500E，Ⅲ级钢筋；HRB 600，Ⅳ级钢筋）两大类，如图 2 - 12 所示。热轧带肋钢筋通常为圆形横截面，表面带有两条纵肋和沿纵向均匀分布的横肋，按肋纹的形状分为月牙肋和等高肋。

(a) 热轧光圆钢筋　　(b) 热轧带肋钢筋

图 2 - 12　热轧钢筋

2）冷轧钢筋

冷轧钢筋采用热轧圆盘条钢筋经冷轧而成，是在其表面带有沿长度方向均匀分布的横肋钢筋，二面肋和三面肋钢筋横肋呈月牙形，四面肋横肋的纵截面应为月牙状并且不应与横肋相交。

冷轧带肋钢筋分为 CRB550、CRB650、CRB800、CRB600H、CRB680H 和 CRB800H 六个牌号。CRB550、CRB600H 为普通钢筋混凝土用钢筋，CRB650、CRB800、CRB800H 为预应力混凝土用钢筋。CRB680H 既可作为普通钢筋混凝土用钢筋，也可作为预应力混凝土用钢筋使用。

3）预应力混凝土用钢丝和钢绞线

预应力混凝土用钢丝是由圆盘条钢筋通过拔丝等工艺经冷加工制成。预应力混凝土用钢绞线是由高强度钢丝绞捻后，经一定热处理清除内应力制成。钢丝和钢绞线具有强度高、柔性好、与混凝土黏结性好、松弛率低、耐腐蚀等优点，主要用于大跨度、大负荷的预应力屋架、吊车梁、桥梁和薄腹梁等预应力筋。

2. 型钢

钢结构一般选用一定规格的型钢和钢板直接作为构件，型钢构件之间可铆接、螺栓连接或焊接，包括热轧型钢、冷弯薄壁型钢和钢板几类。

1）热轧型钢

常用的热轧型钢有圆钢、方钢、角钢（等边和不等边）、工字钢、槽钢、T 型钢、H 型钢、L 型钢等。钢结构用钢的钢种和钢号主要根据结构的重要性、荷载形式、工作环境、构件连接方式等因素综合考虑。承受动荷载或处于低温环境的结构，应选择韧性好、脆性临界温度低、疲劳极限较高的钢材；构件采用焊接形式连接的结构，应选择可焊性较好的钢材。我国建设工程中热轧型钢主要采用碳素结构钢和低合金钢。

2）冷弯薄壁型钢

冷弯薄壁型钢通常由 2 ~ 6 mm 薄钢板冷弯或模压而成，有角钢、槽钢等开口薄壁型钢及方形、矩形等空心薄壁型钢，可用于轻型钢结构。

3）钢板

用光面轧辊轧制而成的扁平钢材称为钢板，按轧制温度的不同，钢板可分热轧钢板和冷轧钢板。钢板的规格以长度(mm)×宽度(mm)×厚度(mm)表示，根据厚度的不同分为薄板、厚板、特厚板和扁钢。

巩固与提升

1. 水硬性胶凝材料有哪些？气硬性胶凝材料有哪些？它们有什么异同？
2. 什么是过火石灰？过火石灰有什么危害？怎样消除过火石灰的危害？
3. 石膏的性质有哪些？在建筑工程中的应用有哪些？
4. 混凝土和易性的指标有哪几个？
5. 什么是混凝土的耐久性？反映耐久性的指标有哪些？
6. 水泥的种类有哪些？各自的使用范围是什么？
7. 反映钢材力学性能的指标有哪些？

拓展阅读

水泥的发明

1756 年，英国海峡群岛上的一座灯塔，突然失火烧毁了，这是英吉利海峡南端最重要的灯塔，没有了它，会影响无数船只的航行。英国政府命令工程师约翰·斯密顿用最快的速度重建这座灯塔。斯密顿立即通知将石灰石运往灯塔所在的小岛，以便烧成石灰后黏合石头重砌灯塔。斯密顿多次完成过类似的工程，对如期完成重建任务充满信心。

两个星期后，石灰石运到了，斯密顿兴冲冲地赶到卸料码头。当他见到这些越山跨海送来的石灰石时，不由失声惊叫起来："真倒霉，这石头怎么是带有黑色的？它混有太多的土质，用这种次品原料建造高标准的灯塔，不是开玩笑吗？"可是，时间已不允许他再调运优质石灰石了，斯密顿只好将就着用这些劣质原料进行烧制。

不料，斯密顿却因祸得福。用这批石灰石烧出来的石灰，性能居然好得出奇，将石块黏结得非常结实。当监工官员将这出人意料的结果通知斯密顿时，他惊喜地跳了起来。随即他又冷静下来，心想这些石灰中有名堂，需要查一查，斯密顿随即对这些石灰进行了检验，结果发现这些石灰中竟含有多达约 20% 的黏土。他在研究石灰硬化的特性时发现："要获得水硬性石灰，必须采用含有黏土的石灰石来烧制，用于水下建筑的砌筑砂浆，最理想的成分是水硬性石灰和火山灰。"这个重要的发现为近代水泥的研制和发展奠定了理论基础。

1796 年，英国人詹姆斯·帕克用泥灰岩烧制出了一种水泥，外观呈棕色，很像古罗马时代的石灰和火山灰的混合物，便命名为罗马水泥。因为它采用天然泥灰岩作原料，不经配料直接烧制而成，故又称为天然水泥。天然水泥具有良好的水硬性和快凝特性，特别适用于与水接触的工程。

“能不能使它的性能更好一些呢?”一位名叫约瑟夫·阿斯谱丁的英国工匠这样思考,他联想到古罗马人为增强石灰的黏结力,曾在石灰中加入火山灰的做法,因而产生了新的想法:火山灰是岩石高温熔烧后的产物,那么把陶器、砖瓦的屑片磨成细粉,是不是也跟火山灰差不多呢?

阿斯谱丁试了一下,效果果然不错。后来他又由此想到,煤炭高温燃烧后的煤渣、炼铁高炉里流出的经高温冶炼的矿渣可能也有类似的功能,经试验也证实了他的想法。

1824 年,阿斯谱丁在反复试验的基础上,总结出石灰、黏土、矿渣等各种原料之间的比例以及生产这种混合料的方法。阿斯谱丁为他的这项发明申请了专利,用这项专利生产出来的便是今天被我们称为“水泥”的建筑材料。由于阿斯谱丁的水泥在硬结后的颜色和强度,都和当时英国波特兰岛上所产的石材差不多,所以人们就称它为“波特兰水泥”。它具有优良的建筑性能,在水泥史上具有划时代意义。

“波特兰水泥”最早的一次大规模应用是建造穿越泰晤士河河底的隧道。随后,它在世界各地迅速推广开来。现在,水泥已成为现代建筑中不可缺少的材料。

模块三 建 筑 工 程

思政目标：通过本模块的学习，教育学生重视基础知识，坚定理想信念，精益求精，争做新时代大国工匠。

知识目标：了解各历史阶段的世界第一高建筑，掌握建筑地基的处理方法，准确复述基础的类型及适用范围，掌握建筑的基本组成，准确复述建筑结构类型及其适用范围。

能力目标：能够按不同标准对土进行分类，能够根据工程实际选取合适的地基处理方法，能够根据工程实际初步选取基础类型。

素质目标：增强学生脚踏实地、刻苦学习、勤奋创新的意识。

项目一 建筑构成要素与分类

一、建筑构成要素

建筑从根本上看是由三个基本要素构成，即建筑功能、建筑技术条件和建筑形象，简称“建筑三要素”。

1. 建筑功能

建筑功能是建筑物在物质和精神两方面必须满足的一种功能性需求。在评论某个建筑物适用或者不适用时，一般是指它能否满足某种功能要求，所以建筑的功能要求是建筑物最基本的要求，也是建造房屋的主要目的。

在人类社会，建筑功能除了满足人类的物质生活需求，还要满足社会生活和精神生活方面的需求，因此，建筑具有一定的社会性。

建筑功能会随着社会生产力的发展和生活的需要逐渐变化，从构木为巢到现代化的高楼大厦，从手工业作坊到高度自动化的大工厂，建筑功能越来越复杂，人们对建筑功能的需求也越来越高。在不同的建筑功能要求下产生了不同的建筑类型，例如各种生产性建筑、居住建筑、公共建筑等，而不同的建筑类型又有不同的建筑特点。

2. 建筑技术条件

建筑技术条件包括建筑材料、建筑结构、建筑设备和建筑生产技术等内容。建筑材料和建筑结构构成了建筑空间环境的骨架，建筑设备是建筑物达到某种要求的物质保障，建筑生产技术是建筑实现的过程和方法。

随着科学技术的发展，各种新材料、新结构、新设备不断涌现，自动化施工水平不断提高，建筑技术条件也有了明显提升，进而促进了建筑功能和建筑形象的发展。

3. 建筑形象

建筑形象的构成要素包括建筑群体和单体的体形、内部与外部的空间组合、立面构图、细部处理、材料的色彩和质感以及光影和装饰的处理等。如果对这些因素处理得当，就能产生良好的艺术效果，给人以一定的感染力，例如庄严雄伟、朴素大方、轻松愉快、简洁明朗、生动活泼等。

建筑形象不仅是一个美观问题，而且还会反映社会和时代的特征，表现出特定时代的生产水平、文化传统、民族风格和社会精神面貌。例如埃及的金字塔、希腊的神庙、中世纪的教堂、中国古代的宫殿、近现代出现的摩天大楼以及我国北京的人民大会堂等等。它们都有不同的建筑形象，反映着不同的社会文化和时代背景。

建筑功能、建筑技术和建筑形象三者既相互制约，又辩证统一。绝大多数建筑物是为功能而建造的，所以建筑功能经常起着主导作用，满足功能要求是这一类建筑物的主要目的。建筑技术是手段，依靠它可以达到和改善功能要求。有些建筑物的形象非常重要，为了达到美的意境，或某种形象效果，建筑功能和技术手段一定条件下，需要和形象协调，取得统一，有时建筑形象处于主导地位。例如有纪念意义的，象征性的、装饰性强的建筑物，其形象和艺术效果常常起着决定性的作用，成为主要因素。

二、建筑的分类

随着社会和科学技术的发展，一些建筑类型正在消失，一些建筑类型正在转变，一些新的建筑类型也正在出现，例如核电站、卫星站、大型机场、城市综合管廊等。

到目前为止，建筑的类型多种多样，而各种建筑都有不同的使用要求和特点，因此有必要对建筑进行分类。

1. 按建筑使用性质分类

按建筑使用性质分类，通常可以分为生产性建筑和非生产性建筑两大类。生产性建筑又分为工业建筑和农业建筑，非生产性建筑又分为居住建筑和公共建筑。

工业建筑是指为工业生产服务的建筑，如单层工业厂房、生产车间、辅助车间、动力用房、仓储等；农业建筑是指供农业、牧业生产和加工用的建筑，如温室、畜禽饲养场、水产品养殖场、农畜产品加工厂、农产品仓库、农机修理厂（站）等。

居住建筑是指提供家庭和集体生活起居用的建筑场所，如住宅、宿舍等；公共建筑是指供人们进行各种社会活动的建筑，如行政办公楼、教学楼、音乐厅、体育馆、展览馆、纪念碑等。

2. 按建筑高度和层数分类

《民用建筑设计统一标准》（GB 50352—2019）中民用建筑按地上层数及高度分类可分为以下三类：建筑高度不大于 27 m 的住宅建筑、建筑高度不大于 24 m 的公共建筑及建筑高度大于 24 m 的单层公共建筑为低层或多层民用建筑；建筑高度大于 27 m 的住宅建筑和建筑高度大于 24 m 的非单层公共建筑，且高度不大于 100 m 的建筑，为高层民用建筑；建筑高度大于 100 m 的民用建筑为超高层建筑。

《建筑设计防火规范（2018 年版）》（GB 50016—2014）中民用建筑根据其高度和层数可分为单层民用建筑、多层民用建筑和高层民用建筑，高层民用建筑根据其建筑高度、使用功能和楼层的建筑面积可分为一类建筑和二类建筑。

3. 按建筑承重结构体系分类

按建筑承重结构体系分类，可分为墙承重体系、骨架承重体系、内骨架承重体系、空间结构承重体系等。墙承重体系用于内部空间较小、建筑高度较小的建筑，骨架承重体系用于跨度大、荷载大、高度大的建筑，内骨架承重体系用于局部设有较大空间的建筑，空间结构承重体系用于大空间建筑。

4. 按建筑承重结构材料分类

按照承重结构材料分类，可分为砖混结构、钢筋混凝土结构、钢结构、土木结构、砖木结构等建筑，由于土木结构和砖木结构建筑的耐久性和防火性能均较差，这两种建筑结构形式现在已基本淘汰。

5. 按建筑规模和数量分类

按建筑规模和数量分类，可分为大量性建筑和大型性建筑。大量性建筑是指量大面广，与人们生活密切相关的建筑，例如住宅、学校、商店、诊所、食堂等；大型性建筑是指规模宏大的建筑，一般是单独设计，它的功能要求高、结构和构造复杂、设备考究、单方造价高，例如大型火车站、航空港、大型体育场馆、大型影剧院、大型展览馆等。

6. 按建筑耐久等级分类

建筑物的耐久性等级主要根据建筑物的重要性和规模大小划分，一般分为四级。耐久年限100年以上的为一级，适用于重要的建筑和高层建筑；耐久年限50～100年的为二级，适用于一般性建筑；耐久年限25～50年的为三级，适用于次要建筑；耐久年限15年以下的为四级，适用于临时性建筑。

项目二　建 筑 的 组 成

建筑的组成有主要组成部分和次要组成部分两块，主要组成部分包括基础、墙体、楼层、屋顶、楼梯（电梯）、门窗，次要组成部分包括地坪、阳台、雨篷、台阶、散水、通风道等。

一、基础

基础是建筑物最下部的承重构件，承担着建筑物的全部荷载，并可以把荷载有效传给地基。设计要求基础具有足够的强度、刚度及耐久性，且能抵抗冰冻、地下水和化学侵蚀等。基础根据其埋置深度分为浅基础和深基础，埋置深度小于5 m的基础为浅基础，埋置深度大于5 m的基础为深基础。

基础分类及钢筋组成

基础按照构造形式分为独立基础、条形基础、井格基础（十字交叉基础）、筏板基础（满堂基础）、箱形基础（补偿式基础）和桩基础。

1. 独立基础

独立基础（图3－1）是用于单柱或高耸构筑物并自成一体的基础，它的形式由材料性能和上部结构受力状态确定，平面形式一般为圆形或多边形。当基础上部的柱子为现浇时，独立基础可以与柱子整体现浇在一起；当基础上部的柱子为预制时，通常将基础做成杯口形，然后将柱子插入基础内，并用细石混凝土嵌固，此时称为杯形基础。

独立基础一般适用于建筑物上部结构为框架结构或单层排架结构，且荷载不大、水平侧向力较小的情况。

2. 条形基础

条形基础（图3－2）是指基础长度远大于宽度的一种基础形式，一般情况下基础的长度大于或等于10倍基础的宽度，是一种经济的基础形式。

图 3－1　独立基础

图 3－2　条形基础

条形基础按整体受力分成梁板式条形基础和板式条形基础两类。梁板式条形基础适用于钢筋混凝土框架结构、框架—剪力墙结构、部分框支剪力墙结构和钢结构，平法施工图将梁板式条形基础按照基础梁和条形基础底板两部分分别进行表述；板式条形基础适用于钢筋混凝土剪力墙结构和砌体结构，平法施工图中仅表述条形基础底板部分。条形基础按上部结构形式不同又可以分为墙下条形基础和柱下条形基础，两者常用于荷载不大的建筑，例如厂房、别墅、农村自建房等。

3. 井格基础

井格基础（图 3－3）是指为了提高建筑物的整体性，防止柱子之间产生不均匀沉降，将柱下基础沿纵横两个方向扩展连接起来交叉而形成的基础。

井格基础的整体性好，承载能力较强，能减少建筑的土不均匀沉降，造价不高，适用于对建筑沉降或倾斜控制严格的建筑物。

图3-3　井格基础

4. 筏板基础

筏板基础（图3-4）是指把柱下独立基础或者条形基础全部连接起来，再整体浇注底板，用以支撑上部结构的墙、柱或设备的基础形式。筏板基础由底板、梁等组成，当建筑物荷载较大、地基承载力较弱时，常采用混凝土筏板基础承受建筑物荷载。筏板基础分为平板式筏基和梁板式筏基，平板式筏基可以实现板底局部加厚，梁板式筏基可以实现梁上平或梁下平。

图3-4　筏板基础

筏板基础整体性好，抗弯刚度大，可调整上部结构的不均匀荷载，很好地抵抗地基不均匀沉降，适用于土质较软弱、不均匀，上部荷载很大的情况，在高层建筑和横墙较密集的多层建筑基础工程中被广泛应用。

5. 箱形基础

箱形基础（图3-5）是指由钢筋混凝土底板、顶板、侧墙及一定数量的内隔墙构成的封闭箱体基础。箱形基础中部的内隔墙可以开洞，用作库房、设备间、通风隔热（潮）层及污水处理用房等。

图3-5　箱形基础

箱形基础整体性和刚度均较好，调整建筑物不均匀沉降的能力强，可降低建筑物因沉降引起墙体开裂的可能性，减少基底的自重应力。箱形基础特别适用于软弱地基、地基刚度不均匀的情况，对于建筑物荷载很大或上部结构刚度差异大或对沉降有严格要求的构筑物均适用，是我国高层建筑常采用的一种基础形式。

6. 桩基础

桩基础（图3-6）简称桩基，由桩和承台两部分组成并共同承受荷载的一种深基础。桩基础能把建筑的荷载传给深处的土层或岩石层，桩基可以承受竖向荷载，也可以承受横向荷载。承受竖向荷载的桩是通过桩侧摩阻力或桩端阻力或两者共同作用将上部结构的荷载传递到深处土（岩）层，因而桩基的竖向承载力与桩所穿过的整个土层和桩底地层的性质、桩的外形和尺寸等密切相关；承受横向荷载的桩基是通过桩身将荷载传给桩侧土

图3-6　桩基础

体，其横向承载能力与桩侧土的抗力系数、桩身的抗弯刚度和强度等密切相关。工程实际中，以承受竖向荷载为主的桩基居多。

桩基作为深基础具有承载力高、稳定性好、沉降量小而均匀、沉降速率低而收敛快的特点，因此，桩基几乎可应用于各种工程地质条件和各种类型的建筑工程，尤其适用于建造在软弱地基上的高层建筑物。

二、墙体

墙体是建筑物的承重构件或围护构件，主要作用为承重、围护和分隔。墙体要求具有足够的强度、稳定性、良好的热工性能、隔声、防水、防火等能力以及具有一定的经济性和耐久性。在砖混结构的建筑中，墙体工程量占工程总量的 40% ~45%，墙体造价占工程总造价的 20% ~30%。

墙体根据所处位置分为不同类型的墙，位于建筑物四周的墙称为外墙，位于建筑物内部的墙称为内墙，窗与窗之间的墙称为窗间墙，突出屋顶上部、起围护屋顶空间和装饰建筑立面的墙称为女儿墙，如图 3－7 所示。

(a) 外墙　(b) 内墙　(c) 窗间墙　(d) 女儿墙

图 3－7　不同位置的墙体

墙体按受力情况分为承重墙和非承重墙。直接承受建筑上部楼板、梁、屋面板等构件传递的荷载的墙称为承重墙，不承受其他构件传递的荷载的墙称为非承重墙，例如隔墙、填充墙和幕墙等，如图 3－8 所示。

墙体按所用材料可分为土墙、石墙、混凝土墙和砌块墙等，如图 3－9 所示。

(a) 承重墙

(b) 隔墙

(c) 填充墙

(d) 幕墙

图 3-8　不同受力性能的墙体

(a) 土墙

(b) 石墙

(c) 混凝土墙

(d) 砌块墙

图 3-9　不同材料的墙体

三、楼层

楼层是建筑中的水平承重构件，要求具有足够的抗弯强度、刚度、防水能力、防火能力和隔声能力，同时兼有竖向上划分建筑内部空间的功能。楼层一般由结构层、面层、顶棚层三部分组成。结构层是承重层，承担着传递荷载、协调变形的作用；面层在结构层上，起到保护楼层表面兼具隔音、防水、装饰作用；顶棚层一般是为了保护结构层、铺设管线、安装吊顶等，顶棚层具有装饰、遮挡线盒的作用，要求不高的建筑可以不设置。

四、屋顶

屋顶是建筑物最上层的覆盖构件，也是建筑物的重要组成部分。其主要作用是承受和传递屋顶上各种荷载，对房屋起着水平支撑作用，同时抵御自然界的风、霜、雨、雪侵袭及太阳辐射等。屋顶对建筑物有一定的装饰效应，设计要求其具有足够的强度、刚度、防水、保温、隔热能力及外观形象。

屋顶的形式取决于屋面材料和承重结构形式，同时也受到地域特点、民族文化、宗教信仰、时代要求和科技水平的影响，常见的屋顶形式有平屋顶、坡屋顶、曲面屋顶和折板屋顶，如图 3－10 所示。

(a) 平屋顶

(b) 坡屋顶

(c) 曲面屋顶

(d) 折板屋顶

图 3－10　屋顶

五、楼梯

楼梯是建筑中联系上下各层的垂直交通设施，主要用于人们上下楼梯，要具有足够的通行能力，由连续梯级的梯段、平台和围护构件等组成。高层建筑虽然采用电梯作为主要垂直交通运输工具，但仍然要保留楼梯供火灾、地震等灾害发生时逃生使用。

楼梯按梯段可分为单跑楼梯、双跑楼梯和多跑楼梯；按梯段平面形状可分为直线楼梯、折线楼梯和曲线楼梯；按材料分为钢筋混凝土楼梯、钢楼梯、木楼梯等；按照空间位置分为室内楼梯和室外楼梯。

楼梯的历史可以追溯到中国战国时期，铜器上的重屋形象中已镌刻有楼梯。这一发现表明，楼梯作为一种建筑元素，其历史悠久，早在古代就已经存在并被广泛应用于建筑设计中。楼梯的设计和建造随着时代的变迁而不断发展，从最初的简单实用到后来的装饰性和功能性并重。例如，15—16 世纪的意大利，将室内楼梯从传统的封闭空间中解放出来，使之成为形体富于变化、带有装饰性的建筑组成部分，这一变化不仅提升了楼梯的美观性，也反映了人们对建筑美学认识的进步。

六、门窗

门窗（图 3－11）按其所处位置可分为围护构件和分隔构件两类，具有防盗、防水、防火、保温、隔热、隔声等功能，同时门窗也是建筑物围护结构系统中重要的组成部分。

(a) 门

(b) 窗

图 3－11　门窗

门窗的形状、尺寸、比例、排列、色彩、造型等对建筑的整体造型都有很大的影响。

门在设计时要满足人流交通和疏散需求的宽度、高度和数量等，并应考虑位置及开启方式。窗在设计中不仅要考虑其基本功能，如采光与通风，以满足室内光线和空气质量的需求，还需要关注密闭性能和热工性能，以确保能源效率和室内舒适度。

建筑组成中还有一些次要组成部分，例如地坪、阳台、雨篷、台阶、散水、通风道等，建筑功能的实现是各部分相互配合的结果。

项目三　建　筑　地　基

万丈高楼平地起，地球上的所有建筑都是修建在地表或埋置于地层之中。建筑物的全部荷载最终都将由地层来承担，承担建筑物全部荷载的那一部分地层称为地基。地基作为支撑建筑的根本，对建筑的安全和使用有着重要意义，建筑工程中对于地基的研究主要是对地层岩土的研究。

一、岩土的生成

岩石和土统称为岩土，岩石和土壤虽然在不同层面上表现出了不同的物理和化学性质，但它们之间存在着密切的联系和转化关系。

岩石是天然产出的具有稳定外形的矿物或玻璃集合体，它们按照一定的方式结合形成岩石，是构成地壳和上地幔的物质基础。岩石按成因分为岩浆岩、沉积岩和变质岩。岩浆岩是由高温熔融的岩浆在地表或地下冷凝所形成的岩石，也称火成岩或喷出岩；沉积岩是在地表条件下由风化作用、生物作用和火山作用的产物经水、空气和冰川等外力的搬运、沉积和成岩固结而形成的岩石；变质岩是由原来的岩石（岩浆岩、沉积岩等）在高温、高压以及化学活动性流体等条件下，发生矿物成分、结构构造改变而形成的一类新岩石。

土是岩石在阳光、大气、水和生物等因素影响下发生风化作用，经流水、风、冰川等动力搬运作用，在各种自然环境下沉积，形成固体矿物、水和气体的集合体，土是岩石风化后的产物。岩石风化作用分为物理风化作用、化学风化作用和生物风化作用，这三种风化作用，在自然界并不是孤立进行的，而是相互联系、相互影响的。物理风化作用使岩石逐渐破碎，而这些破碎的岩石又扩大了风化作用的接触面积，给化学风化作用提供了有利条件；化学风化作用使岩石变得松软，其中有些矿物水化后，体积膨胀产生的压力又促进物理风化作用的进行；生物风化作用是生物体在其生命过程中，直接或间接地对岩石所起的破坏作用。在某一自然地理条件下，岩石经常以一种风化作用占主导地位，如高寒和干燥地区以物理风化作用为主；潮湿炎热地区，则以化学风化作用及生物风化作用为主。

综上所述，岩土的生成是一个复杂的过程，涉及岩石的风化、剥蚀、搬运和沉积等多个阶段，最终形成具有特定物理和化学性质的岩土类型，这些岩土类型在建筑工程中扮演着重要的角色。

二、岩土的分类

岩土分类的目的在于通过分类来认识和识别岩土的种类，并针对不同类型的岩土进行研究和评价，以便更好地利用和改造岩土，使其适应和满足工程建设需要。岩土分类在其科学研究领域和工程实际应用中都有重要意义。

岩土分类中有些部门侧重于岩土作为建筑场地的地基，有些侧重于岩土作为修筑建筑物的材料，还有部门侧重于岩土作为周围介质修建地下构筑物。由于不同部门对岩土的某些工程性质的重视程度和要求不完全相同，制定分类标准时的着眼点也就不同。

《建筑地基基础设计规范》（GB 50007—2011）规定，作为建筑地基的岩土，可分为岩石、碎石土、砂土、粉土、黏性土、人工填土和特殊土。

（1）岩石。岩石是指颗粒间黏结牢固，呈块体或具有节理裂隙的岩体。作为建筑地基的岩石，除了需要确定岩石的地质名称外，还应根据规范划分岩石的坚硬程度和完整程度。岩石的坚硬程度根据岩块的饱和单轴抗压强度确定，划分为坚硬岩、较硬岩、较软岩、软岩和极软岩，当缺乏饱和单轴抗压强度资料或不能进行该项试验时，可在现场通过观察定性划分。岩石的完整程度根据完整性指数划分，分为完整、较完整、较破碎、破碎和极破碎五个等级。

（2）碎石土。碎石土是指粒径大于 2 mm 的颗粒含量超过全重 50% 的土，可分为漂石、块石、卵石、碎石、圆砾和角砾等多种类型。根据碎石土的密实度，又可以为松散、稍密、中密、密实四个等级。

（3）砂土。砂土是指粒径大于 2 mm 的颗粒含量不超过全重 50% 且粒径大于 0.075 mm 的颗粒含量超过全重 50% 的土。砂土根据粒组含量不同分为砾砂、粗砂、中砂、细砂和粉砂，见表 3－1。

表 3－1　砂土的分类

土的名称	粒组含量
砾砂	粒径大于 2 mm 的颗粒含量占全重 25%～50%
粗砂	粒径大于 0.5 mm 的颗粒含量超过全重 50%
中砂	粒径大于 0.25 mm 的颗粒含量超过全重 50%
细砂	粒径大于 0.075 mm 的颗粒含量超过全重 85%
粉砂	粒径大于 0.075 mm 的颗粒含量超过全重 50%

注：分类时应根据粒组含量栏从上到下以最先符合者确定。

（4）粉土。粉土是介于砂土与黏性土之间，塑性指数 $I_p \leqslant 10$ 且粒径大于 0.075 mm 的颗粒含量不超过全重 50% 的土。粉土的密实度与天然孔隙比（e）有关，一般 $e \geqslant 0.9$ 时，为稍密，强度较低，属软弱地基；$0.75 \leqslant e < 0.9$，为中密，强度中等，属于一般地基；$e < 0.75$，为密实，其强度高，属良好的天然地基。粉土在饱水状态下易于散化、结构软化，进而强度降低，压缩性增大。

（5）黏性土。黏性土为塑性指数 $I_p > 10$ 的土，黏性土按塑性指数可细分为黏土和粉质黏土，见表 3－2。

表3-2 黏性土的分类

塑性指数（I_p）	土的名称
$I_p>17$	黏土
$10<I_p\leq17$	粉质黏土

（6）人工填土。人工填土是指由于人类活动而堆积的土，其物质成分杂乱，均匀性较差。根据人工填土物质组成和成因可分为素填土、压实填土、杂填土、冲填土等。素填土为由碎石土、砂土、粉土、黏性土等组成的填土，压实填土为经过压实或夯实的填土，杂填土为含有建筑垃圾、工业废料、生活垃圾等杂物的填土，冲填土为由水力冲填泥砂形成的填土。

（7）特殊土。特殊土是指具有一定分布区域或工程意义上具有特殊成分、状态和结构特征的土。特殊土的种类较多，大体可分为软土、红黏土、膨胀土、湿陷性土、黄土、冻土、盐渍土等。

《土的工程分类标准》（GB/T 50145—2007）规定，按土中不同粒组的相对含量可划分巨粒类土、粗粒类土和细粒类土三类。

（1）巨粒类土。土体颗粒粒径在 60 mm 以上的土称巨粒类土，巨粒类土可以根据所含粗粒或细粒的含量再进行细分。

（2）粗粒类土。土中粗粒含量大于50%的土称粗粒类土，粗粒类土又分为砾类土和砂类土。若土中砾粒组含量大于砂粒组含量，则该土属砾类土；若土砾粒组含量不大于砂粒组含量，则该土属砂类土。

（3）细粒类土。土中细粒组含量不小于50%的土称细粒类土。若土中粗粒组含量为25%～50%，则该土称含粗粒的细粒土；若土中有机质含量为5%～10%，则该土称有机质土。

《岩土工程勘察规范（2009 年版）》（GB 50021—2001）规定，根据岩石坚硬程度，土可划分为坚硬岩、较硬岩、较软岩、软岩、极软岩；根据地质成因，土可划分为残积土、坡积土、洪积土、冲积土、淤积土、冰积土和风积土等；根据粒径和塑性指数，土可划分为碎石土、砂土、粉土、黏性土。

根据土方开挖的难易程度，把岩土划分为八类，以便选择施工方法和确定工程量，为计算劳动力、机具及工程费用提供依据。

（1）一类土：松软土。其主要包括砂土、粉土、冲积砂土层、疏松的种植土、淤泥（泥炭）等，坚实系数为0.5～0.6，采用锹、锄头挖掘，少许用脚蹬。

（2）二类土：普通土。其主要包括粉质黏土、潮湿的黄土、夹有碎石卵石的砂、粉土混卵（碎）石、种植土、填土等，坚实系数为0.6～0.8，用锹、锄头挖掘，少许用镐翻松。

（3）三类土：坚土。其主要包括粉质黏土、软及中等密实黏土、重粉质黏土、重粉质砾石土、干黄土、含有碎石卵石的黄土、压实的填土等，坚实系数为0.8～1.0，主要用镐挖，少许用锹、锄头挖掘，部分用撬棍。

（4）四类土：砂砾坚土。其主要包括坚硬密实的黏性土或黄土、含碎石卵石的中等密实的黏性土或黄土、粗卵石、天然级配砂石、软泥灰岩等，坚实系数为1.0~1.5，整体先用镐、撬棍挖，后用锹挖掘，部分使用楔子及大锤。

（5）五类土：软石。其主要包括硬质黏土、中密的页岩、中密的泥灰岩、中密的白垩土、胶结不紧的砾岩、软石灰及贝壳石灰石等，坚实系数为1.5~4.0，用镐或撬棍、大锤挖掘，部分使用爆破方法。

（6）六类土：次坚石。其主要包括泥岩、砂岩、砾岩、坚实的页岩、坚实的泥灰岩、密实的石灰岩、风化花岗岩、风化片麻岩及风化正长岩等，坚实系数为4.0~10.0，用爆破方法开挖，部分用风镐。

（7）七类土：坚石。其主要包括大理石、辉绿岩、玢岩、粗或中粒花岗岩、坚实的白云石、坚实的砂岩、坚实的砾岩、坚实的片麻岩、坚实的石灰岩、微风化安山岩、玄武岩等，坚实系数为10.0~18.0，用爆破方法开挖。

（8）八类土：特坚石。其主要包括安山岩、玄武岩、花岗片麻岩、坚实的细粒花岗岩，坚实的闪长岩、坚实的石英岩、坚实的辉长岩、坚实的辉绿岩、坚实的玢岩、坚实的角闪岩等，坚实系数为18.0~25.0，用爆破方法开挖。

根据土的性质，可以将土分为一般土和特殊土。特殊土在特定物理环境或人为条件下形成，具有独特的工程特性，我国主要的特殊土类别有软土、红黏土、膨胀土、湿陷性土、黄土、冻土和盐渍土等。

（1）软土。软土一般是指天然含水量大、压缩性高、承载力低和抗剪强度很低的呈软塑或流塑状态的黏性土。软土是一类土的总称，并非指某一种特定的土，工程上常将软土细分为软黏性土、淤泥质土、淤泥、泥炭质土和泥炭等。软土具有天然含水量高、天然孔隙比大、压缩性高、抗剪强度低、固结系数小、固结时间长、灵敏度高、扰动性大、透水性差、土层层状分布复杂、各层之间物理力学性质相差较大等特点。

（2）红黏土。红黏土是指碳酸盐类岩石经红土化作用形成的高塑性黏土。红黏土具有黏粒组分含量高、常呈蜂窝状结构、塑性好、含水量高、强度较高、压缩性较低、不具湿陷性、具有明显胀缩性、裂隙发育的特点。我国红黏土主要分布在云贵高原，南岭山脉南北两侧及湘西、鄂西丘陵山地等地区。

（3）膨胀土。膨胀土是指土中含有大量的亲水性黏土矿物成分（如蒙脱石、伊利石等），在环境温度及湿度变化下，具有显著的吸水膨胀和失水收缩特性的土。膨胀土结构致密、裂隙发育、富含铁锰结核和钙质结核，强度较高，压缩性较低，易被误认为是良好的地基，但遇水后就呈现出较强的吸水膨胀和失水收缩特性，往往导致建筑物地坪开裂或破坏建筑物。

（4）湿陷性土。湿陷性土是指非饱和、结构不稳定的土，在一定压力作用下受水浸漫后，其结构被迅速破坏，并产生显著的附加下沉的土。湿陷性土在我国北方分布广泛，除常见的湿陷性黄土外，在我国的干旱及半干旱地区的山前洪、坡积扇中常遇到湿陷性碎石土、湿陷性砂土等。

（5）黄土。黄土是指一种含大量碳酸盐类，且常能以肉眼观察到大孔隙的黄色粉状土。天然黄土在未受水浸湿时，一般强度较高，压缩性较低，但当黄土在一定压力作用下受水浸湿，土结构迅速破坏而发生显著附加下沉，同时强度也随之迅速下降，这类黄土统称为湿陷性黄土。黄土主要分布于世界大陆比较干燥的中纬度地带，我国的黄土分布西起甘肃祁连山脉东端，东至山西、河南、河北交界处的太行山脉，南抵陕西秦岭，北到长城，占全国土地面积的6%。我国西北的黄土高原是世界上规模最大的黄土高原，华北的黄土平原是世界上规模最大的黄土平原。

（6）冻土。冻土是指0 ℃以下，土体中含有冰的土壤，一般可分为短时冻土、季节冻土及多年冻土。冻土是一种对温度极为敏感的土体介质，其间蕴含的冰晶使冻土具有流变性，其长期强度远低于瞬时强度。因此，在冻土区的建设工程必须解决冻胀和融沉两大难题。

（7）盐渍土。盐渍土是指易溶盐含量大于0.5%，且具有吸湿、松胀等特性的土。盐渍土主要分布在内陆干旱、半干旱地区，滨海地区也有分布，全世界盐渍土面积计约897万 km^2。中国盐渍土面积约有20多万平方千米，约占国土总面积的2.1%。

三、岩土的工程性能

岩土的工程性能主要包括岩石弹性模量、岩石强度、土的内摩擦角、土的黏聚力、土的抗剪强度、土的压缩模量、土的天然含水量、土的天然密度、土的干密度、土的密实度、土的可松性，岩土的各性能指标按标准试验方法经过试验确定。

1. 岩石弹性模量

岩石弹性模量是指岩石在弹性范围内应力与应变之比，是岩石物理力学性质之一。由于多数岩石的应力应变曲线并非直线，因此岩石弹性模量并不是常量。岩石弹性模量选取时根据岩体工程中应力的范围，由试验结果求取恰当的弹性模量。岩石弹性模量随岩石的类型、组成、颗粒大小、水的含量、孔隙大小的不同而变化，各因素综合影响着岩石弹性模量。

2. 岩石强度

岩石强度是指岩石抵抗外力破坏的能力，包括抗压强度、抗拉强度、抗剪强度等。岩石强度受矿物成分、颗粒大小与形状、结构构造、孔隙率、含水量等多种因素影响，在工程建设等领域是重要的考量指标。

3. 土的内摩擦角

土的内摩擦角是指土在剪切破坏时，剪切面上的极限应力与法向应力的夹角。内摩擦角是土的抗剪强度指标之一，在土力学中是非常重要的指标，是工程设计的重要参数，土的内摩擦角反映了土的摩擦特性。内摩擦角可以理解为块体在斜面上的临界自稳角，在这个角度内块体是稳定的，大于这个角度块体就会产生滑动，利用这个原理，可以分析边坡的稳定性。

4. 土的黏聚力

土的黏聚力是指土颗粒之间的相互吸引力。土的黏聚力是土的抗剪强度指标之一，它使土体具有抵抗剪切变形和破坏的能力，与土的性质、含水量等因素有关，在黏性土中较大，在砂土中一般较小。

5. 土的抗剪强度

土的抗剪强度是指土体抵抗剪切破坏的极限强度，包括内摩擦力和黏聚力，抗剪强度可通过直接剪切试验测定。当土体中某点外力产生的剪应力达到土的抗剪强度或土体内部发生了相对位移时，便认为发生了剪切破坏。剪切破坏是强度破坏的重要特征，强度问题也是土力学中最重要的内容之一。

6. 土的压缩模量

土的压缩模量是指土在侧限条件下受压时，竖向压应力增量与竖向应变增量的比值，是反映土压缩性大小的指标，是判断土的压缩性和计算地基压缩变形量的重要指标之一，常用于地基沉降计算等岩土工程分析。

7. 土的天然含水量

土的天然含水量是指土中所含水的质量与土的固体颗粒质量之比的百分率。土的天然含水量对挖土的难易、土方边坡的稳定、填土的压实等均有影响。

8. 土的天然密度

土的天然密度是指土在天然状态下单位体积的质量。土的天然密度随着土的颗粒组成、孔隙的多少和水分含量变化而变化，不同的土天然密度不同。

9. 土的干密度

土的干密度是指单位体积内土的固体颗粒质量与总体积的比值，干密度越大，表明土越坚实。在土方填筑时，常以土的干密度控制土的夯实标准。

10. 土的密实度

土的密实度是指土被固体颗粒所充实的程度，反映了土的紧密程度。

11. 土的可松性

土的可松性是指在自然状态下的土，经过开挖以后，其体积因松散而增加后虽然振动夯实，但仍不能恢复到原来的体积，这种性质称为土的可松性。土的可松性是计算土方机械生产率、回填土方量、运输机具数量、进行场地平整规划竖向设计、土方平衡调配的重要参数。

四、地基处理

地基是指支撑建筑荷载的土体和岩体。地基有天然地基和人工地基两类。天然地基是指自然状态下即可满足承担建筑全部荷载要求，不需要人工处理的地基。人工地基是指天然土层承载力较弱，缺乏足够的稳定性，不能满足承受上部荷载的要求，必须对其进行人工加固，以提高其承载力和稳定性的地基。

土木工程建设中，当地基承载力不足或沉降量大于容许沉降量时，就需要对地基采取人工加固措施，把用于增强地基承载能力、改善其变形性能或抗渗能力所采取的工程技术措施称为地基处理。地基处理的本质是要改善地基土的变形特性和渗透性，提高其抗剪强度和抗液化能力，从而满足建筑物地基的稳定和变形要求。

近几十年来，大量的土木工程实践推动了地基处理技术的发展，地基处理的新技术、新理论、新方法不断涌现，地基处理已成为建筑工程领域的重要分支。根据地基处理的原理不同，可以将地基处理方法分为如表 3－3 所示的几大类。

表3－3 地基处理方法的分类

物理处理				化学处理		热学处理	
置换法	挤密法	排水固结法	加筋法	搅拌法	灌浆法	冻结法	热加固法

这些地基处理方法在不同的土类中会产生不同的加固效果，各地基处理方法都有自身的适用条件和优势。选择地基处理方法的总体原则是技术先进可靠、安全适用、经济合理、确保质量，并能满足施工进度要求。

1. 置换法

置换法是将基础下不太深的一定范围内的软弱土层一部分或全部挖去，然后换填工程特征良好的材料，并予以分层压实至设计要求的密度。换填材料主要有砂、碎石、高炉矿渣和粉煤灰等，这些材料具有强度高、压缩性低、稳定性好、无侵蚀性等良好的工程特性。

置换法具有经济、技术简单的特点，适用于浅层软弱土层或不均匀土层的处理。实际工程中需要根据建筑体型、结构特点、荷载性质、岩土工程条件、施工机械设备及填料性质和来源等进行垫层置换的综合设计。

2. 挤密法

挤密法是指利用冲击、夯扩、振冲、振动沉管等方法在土中成孔，使桩孔周围土体得到挤密、振密，并进行素土、灰土、石灰土、水泥土等物料的回填和夯实，从而形成大直径的桩体，桩体同原地基一起形成复合地基。

处理地下水位以上的湿陷性黄土、素填土和杂填土等地基时，宜选用灰土、素土为主要回填材料挤密，地基处理深度为 5 ~ 20 m。地基处理以消除地基土的湿陷性为主要目的时，宜选用素土为主要回填材料挤密；地基处理以提高地基土的承载力或增强其水稳性为主要目的时，宜选用灰土为主要回填材料挤密。当地基土的含水量较大时，不宜选用灰土挤密桩法或素土挤密桩法。

3. 排水固结法

排水固结法是一种处理软土地基的有效方法，通过在天然地基中设置竖向排水体（如砂井或塑料排水带），然后利用建筑物本身的重量或预先加载预压，使土体中的孔隙水逐渐排出，地基发生固结变形，地基土的强度逐渐增长。

排水固结法主要用于解决地基的沉降和稳定问题，适用于处理淤泥、淤泥质土及冲填土等饱和黏性土地基，但对渗透性极低的泥炭土要慎重对待。根据采用的各种排水技术措施，排水固结法可分为以下几种方法。

（1）堆载预压法。堆载预压法是在建筑场地临时堆填土石对地基进行加载预压，加速地基土固结，使地基沉降提前完成，以提高地基承载力，固结完成后再卸去预压荷载，以消除建筑物部分沉降的方法。为了加速堆载预压地基的固结速度，常与砂井法同时使用，称为砂井堆载预压法。

（2）真空预压法。真空预压法实质上是以大气压作为预压荷载的一种预压固结法。在需要加固的软土地基表面铺设砂砾垫层，然后埋设垂直排水通道，再用不透气的封闭薄膜覆盖软土地基，使其与大气隔绝，薄膜四周埋入土中，通过砂砾垫层内埋设的吸水管道，用真空泵进行抽气，地表砂砾垫层及竖向排水通道内逐渐形成负压，使土体内部与排水通道、垫层之间形成压力差，在此压力差作用下，土体中的孔隙水不断排出，从而使土体固结。真空预压法适用于处理淤泥、淤泥质土和充填土等饱和黏性土地基，使用中必须在地基内设置排水竖井。

（3）降水位预压法。降水位预压法是通过井点抽水来降低地下水位，从而增加土的自重应力，达到预压目的的一种固结法。地下水位降低使地基中的软弱土层承受了相当于水位下降高度水柱的重量，增加了土中的有效应力，进而加速地基土固结。降水位预压法适用于渗透性较好的砂土、粉土或软黏土层中存在砂土层的情况，使用前应探明土层分布及地下水位情况等。

（4）电渗排水法。电渗排水法是通过电渗作用逐渐排出土中水，加速土体固结的一种地基处理方法。在土中插入金属电极并通直流电，在电场力作用下土中的水从阳极流向阴极，然后将水从阴极排出，而不让水在阳极附近补充，借助电渗作用可逐渐排除土中水。工程上常利用电渗排水法降低黏性土的含水量，提高其强度。

4. 加筋法

加筋法是指在地基土中加入纤维材料，利用土颗粒位移与拉筋产生的摩擦力使土与加筋材料形成整体，减少地基整体变形，增强地基稳定性。加筋材料是一种水平向增强体，一般选用抗拉能力强、摩擦系数大且耐腐蚀的条带状、网状、丝状材料等。

5. 搅拌法

搅拌法是用于加固饱和软黏土地基的一种新颖方法，它是通过深层搅拌机械，在地基深处就地利用固化剂与软土之间产生的一系列物理化学反应，使软土固化成具有整体性、水稳性和一定强度的桩体，其与桩间土组成复合地基，对提高软土地基承载能力、减少地基的沉降有明显效果。

搅拌法中使用的固化剂形态分为浆液固化剂和粉状固化剂，两者对地基土的加固原理、设计计算方法和加固质量检验方法基本一致。

6. 灌浆法

灌浆法是将某些固化材料（如水泥、石灰或其他化学材料）灌入基础下一定范围内的地基岩土中，以填塞岩土中的裂缝和孔隙，防止地基渗漏，提高岩土整体性、强度和刚度的地基处理方法。按灌浆浆液材料分为水泥灌浆、水泥砂浆灌浆、黏土灌浆、水泥黏土灌浆、硅酸钠或高分子溶液化学灌浆。

在闸、坝、堤等挡水构筑物中，常用灌浆法构筑地基防渗帷幕，是水工建筑物的主要地基处理措施。

7. 冻结法

冻结法是指用人工制冷的方法，将待开挖地下空间周围的土体中的水冻结为冰并与土体胶结在一起，形成一个冻土墙或密闭的冻土体，用以抵抗土压力，隔绝地下水的一种岩土特殊处理方法，常用于竖井工程、地铁工程、深基坑工程。

8. 热加固法

热加固法是指用热能来加热土壤，加快岩土中水分蒸发，促进矿物脱水等，从而提高土壤的固结度和强度，降低其压缩性。热加固法主要有热空气加热法、电阻式或辐射式加热法、加热导管法三种，用于淤泥、淤泥质土、黏性土等软弱地基的加固。

地基的工程地质条件是千变万化的，建设工程对地基的要求也不尽相同，没有哪一种地基处理方法是万能的，因此，对于每一项建设工程的地基处理必须综合考虑，通过方案比选，选择一种技术可靠、经济合理、施工可行的地基处理方案，这种方案既可以是单一的地基处理方法，也可以是多种方法的综合处理。

项目四　建筑工程的发展

一、国内外建筑工程的发展

建筑工程是人类文明的重要载体，其发展历程反映了不同时期的技术水平、社会需求和文化特色。国内外建筑工程在漫长的历史进程中，各自展现出独特的发展轨迹，同时又相互影响、共同进步。

在过去，国内外建筑工程受限于材料和技术，多采用天然材料和简单的建造方法。国外，古埃及金字塔以巨大的石块堆砌而成，展现了古埃及人在工程组织和建筑技术上的高超水平；古希腊的帕特农神庙，以精美的大理石柱式结构，体现了对建筑美学的追求；罗马帝国时期，混凝土的发明使建筑规模和形式得到极大拓展，万神殿的巨大穹顶便是典型代表。国内，中国古代建筑以木材为主要材料，采用榫卯结构，如故宫，其庞大的建筑群布局严谨，体现了封建等级制度和传统文化观念；万里长城则以砖石为材，绵延万里，展现了古代大规模防御工程的建造能力。这一时期，国内外建筑工程主要服务于宗教、政治和军事目的，注重建筑的实用性和纪念性。

工业革命后，建筑工程迎来了革命性的变革。国外，钢铁、玻璃和水泥等新型材料的出现，彻底改变了建筑的面貌。英国的水晶宫采用钢铁框架和玻璃幕墙，开创了装配式建筑的先河；美国的芝加哥家庭保险大楼作为现代高层建筑的开端，采用钢框架结构，解决了高层建筑的垂直交通和结构承载问题。国内，随着西方建筑技术的传入，建筑工程逐渐向现代化转型。上海的外滩建筑群融合了西方建筑风格和先进技术，成为中国近代建筑的代表。

在现代，国内外建筑工程呈现出多元化和高科技的发展趋势。国外，建筑材料不断创新，高性能混凝土、轻质合金、碳纤维复合材料等广泛应用，迪拜的哈利法塔以其超高的建筑高度和先进的结构技术，成为世界建筑的标志性作品。国内，建筑工程也取得了举世瞩目的成就。上海中心大厦、广州塔等超高层建筑不断刷新城市天际线，港珠澳大桥集桥、岛、隧于一体展现了强大的工程实力；设计理念上，可持续发展理念深入人心，绿色建筑、智能建筑成为发展方向，也注重传统文化与现代技术的融合；施工技术中，数字化、自动化和智能化技术广泛应用，建筑信息模型技术实现了建筑设计、施工和管理的一体化，提高了工程质量和效率。

国内外建筑工程在长期的发展过程中，有着各自的特色和优势，经过多个历史时期的发展和蜕变，建筑结构体系也在不断地发展，目前成熟的建筑结构体系主要有木结构、砌体结构、框架结构、剪力墙结构、框架剪力墙结构、筒体结构、桁架结构、网架结构、拱式结构、索结构、壳结构、膜结构。

1. 木结构

木结构是指以木材为主要受力构件的工程结构形式。木结构适用于住宅、别墅、景区建筑、民宿、小型商业建筑、文化场馆及传统庙宇等，尤其适用于对环保、自然风格有要求及抗震需求高的地区。

木材处于潮湿状态时，会被微生物侵蚀而腐朽，木材在空气温度、湿度较高的地区会受到白蚁、蛀虫、家天牛等破坏，因此木结构建筑应采取有效的防腐、防虫、防火措施，以保证其耐久性。

木结构建筑需采用干燥的木材制作，并使关键部位外露于空气之中，便于防潮而免遭腐朽。木结构建筑的木柱下面需设置础石，既避免木柱与地面接触受潮，又防止白蚁顺木柱上爬危害上部结构。木材表面还要用厚油灰打底、涂刷油漆，一方面起装饰作用，另一方面还有防腐、防虫和防火功能。

建于辽朝的山西省应县木塔是世界上现存最古老、最高的一座可登临的木结构楼阁式塔，是古代抗震避雷等领域研究的知识宝库，充分体现了木结构自重轻、能建造高耸结构的特点。

中国的木结构建筑在唐朝已形成一套严整的制作方法，北宋李诫主编的《营造法式》是中国也是世界上第一部木结构房屋建筑的设计、施工、材料以及工料定额的著作，是中华民族灿烂文化的组成部分。

木材是一种可再生的天然资源，木材使用已有悠久历史，随着我国城市园林绿化建设的快速推进，加之人们对回归自然、提高生活品质的要求越来越高，许多建筑园林设计公司已经开始将木结构建筑作为体现自然、增加商品附加值的首选如上海世博会大量推广节能低碳木结构建筑。

2. 砌体结构

砌体结构是指用砖砌体、石砌体或砌块建造的结构，又称砖石结构。由于砌体的抗压强度较高而抗拉强度很低，因此，砌体结构构件主要承受轴心或小偏心压力，而很少受拉或受弯。一般民用和工业建筑的墙、柱和基础都可采用砌体结构，最具代表性的砌体结构是砖石佛塔、砖城墙、石桥、长城等。

在一般的砌体结构建筑中，砌体占整个建筑物自重的1/2左右，用工量和造价约各占1/3，是建筑工程的重要材料。我国占主导地位的砌体材料——烧结黏土砖已有两千多年的历史，与黏土瓦并称为“秦砖汉瓦”。但是，这种砌体材料需要大量黏土作原材料，为有效地保护耕地，国家已经禁止使用黏土砖。砌体材料正朝着充分利用各种工业废料，轻质、高强、空心、大块、多功能的方向发展。

砌体结构中由于砖、石、砌块和砂浆之间黏结力较弱，无筋砌体的抗拉、抗弯及抗剪强度都很低，砌体结构组成的基本材料和连接方式决定了它的脆性性质，导致其抗震性能很差，发生地震时受破坏较重。因此，多层砌体结构抗震设计需要采用构造柱、圈梁及拉结等构造措施以提高其抗拉性能和抗震能力。砌体结构大多用在住宅楼、办公楼、教学楼建筑中，其中住宅建筑最适合，一般在6层以下。

3. 框架结构

框架结构是指梁、板、柱以刚接或者铰接形式相连接，构成承重体系的结构。框架结构属于柔性结构，在水平荷载下表现出抗侧移刚度小、水平位移大的特点，框架结构的适用高度为6~15层，非地震区也可用于15~20层的建筑。钢筋混凝土框架结构按施工方法可分为全现浇式框架、半现浇式框架、装配式框架和装配整体式框架四种形式。

框架结构体系的最大特点是承重体系、维护体系和分隔体系完全独立，这使得框架结构建筑平面布置灵活，空间划分方便，易于满足生产工艺和使用要求，具有较高的承载力和较好的整体性，因此，广泛应用于高层办公楼、医院、旅馆、教学楼、住宅和多层工业厂房。

框架结构形式、结构布置

框架结构受力特点及构造要求

4. 剪力墙结构

剪力墙结构是指用钢筋混凝土墙板来代替框架结构中的梁柱，承受竖向荷载和水平荷载的结构。所谓剪力墙，实质上是固结于基础的钢筋混凝土墙片，具有很高的抗侧移能力。一般情况下，剪力墙结构楼盖内不设梁，楼板直接支撑在墙上，墙体既是承重构件，又起围护、分隔作用。

剪力墙结构受力特点、构造

钢筋混凝土剪力墙结构横墙多，侧向刚度大，整体性好，能承受较大的水平荷载，没有凸出墙面的柱，整齐美观，特别适用于住宅建筑，可使用大模板、滑升模板等先进施工工艺，利于缩短工期，节省劳动力。剪力墙结构的房间划分受到较大限制，因此一般用于住宅、旅馆等开间要求较小的建筑，适用高度为 15 ~ 50 层。高层剪力墙结构的底部要求有较大空间时，可将底部一层或几层部分剪力墙设计为框支剪力墙，形成部分框支剪力墙结构，但这种属于竖向不规则结构，抗震性能较差，只能用于地震烈度为 9 度以下的地区。

5. 框架剪力墙结构

框架剪力墙结构受力特点、构造

框架结构中增设钢筋混凝土剪力墙，使框架和剪力墙结合在一起共同承受竖向力和水平力的体系称为框架剪力墙结构，简称框剪结构。框架剪力墙结构的侧向刚度比框架结构大，大部分水平力由剪力墙承担，竖向荷载主要由框架承受，因此，在高层建筑中比框架结构更经济合理。

框架剪力墙结构只在部分位置上有剪力墙，保持了框架结构易于分割空间，立面易于变化等优点，同时框架剪力墙结构的抗震性能也较好，在多层及高层办公楼、旅馆等建筑中得到了广泛应用，其适用高度为 15 ~ 25 层，一般不宜超过 30 层。

6. 筒体结构

筒体结构是由一个或多个筒体作为主要抗侧力构件的高层建筑结构体系，筒体可为实腹筒或空腹筒。建筑的竖向和水平荷载主要由筒体承担，能有效提高结构的侧向刚度和抗扭性能。

筒体结构体系

筒体结构的受力与一个固定于基础上的筒形悬臂构件相似，是抵抗水平荷载最有效的结构体系，适用于高度不超过 300 m 的建筑。

7. 桁架结构

桁架结构是指杆件两端用铰链连接而成的结构，一般具有三角形单元的平面或空间结构。桁架结构的杆件主要承受轴向拉力或压力，可以充分发挥材料的作用，节约材料，减轻结构重量。

桁架结构常用于大跨度的厂房、展览馆、体育馆和桥梁等公共建筑中，有钢桁架、钢筋混凝土桁架、预应力混凝土桁架、木桁架、钢与木组合桁架、钢与混凝土组合桁架等结构类型。

8. 网架结构

网架结构是指由许多杆件按照一定规律组成的空间结构，具有空间受力小、重量轻、刚度大、抗震性能好等优点，但交会于节点上的杆件数量较多，制作安装较平面结构复杂。

网架结构可用于体育馆、影剧院、展览厅、候车厅、飞机库、大柱距车间等建筑的屋盖。

9. 拱式结构

拱式结构是指构件主要承受轴向压力并由两端推力维持平衡的曲线或折线形结构。在外荷载作用下，拱内部主要为压应力，材料以压缩变形为主，使构件摆脱了弯曲变形，用抗压性能较好的材料（如砖石或钢筋混凝土）作拱，能充分发挥材料的性能。

拱式结构在外荷载作用下支座处会产生水平推力，跨度越大水平推力也越大，因此，在实际工程上桁架结构比拱式结构应用得更广泛。拱式结构适用于桥梁、体育馆、展览馆、仓库等建筑，也可用于建造一些具有特色的景观建筑。

10. 索结构

索结构是指由拉索作为主要承重构件而形成的预应力结构。索结构是一种柔性的线状构件，只存在拉力，在受到外部荷载后会随着荷载的幅值和作用位置的变化而产生相应的变形。

索结构能充分发挥高强材料的抗拉性能，可实现跨度大、自重小、材料省、易施工。索结构除了用于大跨度桥梁工程外，还可用于体育馆、飞机库、展览馆、仓库等大跨度屋盖结构。

11. 壳结构

壳结构是一种三维的薄壁刚性结构，它可以根据需要做成任何形状，壳体的厚度远小于壳体的其他尺寸，因此，壳体结构具有很好的空间传力性能，具有自重小、承载能力高、刚度大的优点，能形成大跨度的空间而不需要中间支撑，兼具承重结构和围护结构的双重作用。

壳结构的受力特点是外力作用在结构体的表面上，承担压应力、拉应力、剪应力的能力强，但抗弯能力有限。壳结构适用于承受均布荷载的构筑物，如大跨度建筑物顶盖、中小跨度屋面板、各种工业用管道压力容器与冷却塔、反应堆安全壳、贮液罐等。

12. 膜结构

膜结构是指由多种高强薄膜材料及加强构件通过一定方式使其内部产生一定的预张应力以形成某种空间形状作为覆盖结构，并能承受一定的外荷载作用的一种空间结构形式。

膜结构具有重量轻、强度高、防火阻燃、受紫外线影响小、抗疲劳、耐扭曲、耐老化、跨度大、使用寿命长、透光率高、热量吸收少的优点，缺点是对风的空气动力效应十分敏感，容易引起薄膜的颤振。膜结构适用于体育场馆、展览中心、机场航站楼、商业广场、停车棚以及各类临时建筑等，可满足不同场景下的功能与美观需求。

二、世界第一高建筑

摩天大楼是一个时代的标志，更是土木工程师不断创新、敢于尝试的结果，以下梳理了从 1900 年以后建筑高度一次又一次被刷新的摩天大楼。

大都会人寿保险大楼 1909—1913 年期间为世界第一高楼，于 1909 年在美国纽约建成，主体 50 层，高 213. 4 m，为人类历史上第一座 200 m 以上的大楼。

伍尔沃斯大楼 1913—1930 年期间为世界第一高楼，于 1913 年在美国纽约建成，共 57 层，高 241. 4 m，建造费用为 1350 万美元。

克莱斯勒大楼 1930—1931 年期间为世界第一高楼，于 1930 年在美国纽约建成，共 77 层，高 318. 9 m。

帝国大厦 1931—1972 年期间为世界第一高楼，于 1931 年在美国纽约建成，共 102 层，高 381 m，保持了长达 41 年的世界第一高楼纪录。

纽约世贸双子大厦 1972—1974 年期间为世界第一高楼，于 1972 年在美国纽约建成，共 110 层，高 417 m，是世界上第一座高度超过 400 m 的大楼，在 2001 年的“9 · 11”事件中被恐怖分子摧毁。

西尔斯大楼（现威利斯大厦）1974—1998 年期间为世界第一高楼，于 1974 年在美国芝加哥建成，共 108 层，高 442. 3 m。

吉隆坡石油双塔 1998—2004 年期间为世界第一高楼，于 1998 年在马来西亚吉隆坡建成，共 88 层，高 452 m。

台北 101 大楼 2004—2010 年期间为世界第一高楼，于 2004 年在中国台北市建成，共 101 层，高 508 m。

迪拜塔（现哈利法塔）自 2010 年建成至今是世界第一高楼，又称迪拜大厦或比斯迪拜塔，共 162 层，高 829. 8 m。

上海中心大厦截至 2024 年 9 月是中国第一高楼、世界第三高楼。上海中心大厦于 2015 年建成，地上 127 层，高 632 m，上海中心大厦与浦西的外滩隔岸相对，是上海最著名的景点以及地标之一。

摩天大楼的建设既能提高土地的集约使用率，还能提升城市的品位和形象，在城市人口增长和聚集方面形成了强大的带动效应，摩天大楼在推动城市经济快速发展方面起到了积极的作用。目前，我国在基建方面是全球的领跑者，但是随着“限高令”的实施，我国超高建筑的建设可能会成为历史。

建筑业作为国民经济支柱产业的作用不断增强，为促进经济增长、缓解社会就业压力、推进新型城镇化建设、保障和改善人民生活、决胜全面建成小康社会作出了重要贡献。

巩固与提升

1. 搜集我国不同历史阶段下的标志性建筑相关资料，并与同学分享。
2. 岩土分类的标准有哪些？不同分类依据下岩土如何归类？
3. 地基处理方法有哪几类？其各自适用条件是什么？
4. 建筑基础形式有哪些？其各自特点是什么？

5. 建筑结构体系有哪些？其各自适用范围是什么？

6. 列举一个你最喜欢的建筑，并说出理由。

拓展阅读

梁思成

梁思成，1901 年 4 月 20 日生于日本东京，籍贯广东新会，毕生致力于中国古代建筑的研究和保护，是建筑历史学家、建筑教育家和建筑师，1972 年 1 月 9 日于北京逝世。

梁思成曾任中央研究院院士参与了人民英雄纪念碑、中华人民共和国国徽等作品的设计。

1912 年，辛亥革命后，梁思成随父母从日本回国，1915 年，考入北平清华学校，1923 年毕业于清华学校高等科。1924 年，和林徽因一起赴美国费城宾州大学建筑系学习，1927 年获得学士和硕士学位后，又去哈佛大学学习建筑史，研究中国古代建筑。1928 年 8 月 18 日回国后，在沈阳东北大学任教，创立了中国现代教育史上第一个建筑学系。

1931 年，梁思成回到北平，进入中国营造学社工作（任法式部主任）。1932 年，主持了故宫文渊阁的修复工程，著成《清式营造则例》手稿。1937 年，和林徽因等人先后踏遍中国十五省二百多个县，测绘和拍摄两千多件唐、宋、辽、金、元、明、清各代保留下来的古建筑遗物，包括天津蓟县（现蓟州区）辽代建筑独乐寺观音阁、宝坻辽代建筑广济寺、河北正定辽代建筑隆兴寺、山西辽代应县木塔、大同辽代寺庙群华严寺和善化寺、河北赵州隋朝建造的安济桥等。这些重大考察结果，为梁思成日后注释《营造法式》和编写《中国建筑史》奠定了坚实基础。

1946 年，梁思成前往美国讲学，并受聘为美国耶鲁大学教授，同时担任联合国大厦设计顾问建筑师。因他在中国古代建筑的研究上作出了杰出的贡献，被美国普林斯顿大学授予名誉文学博士学位。同年，梁思成回到母校清华大学创办了建筑系。

1948 年，在平津战役前，梁思成绘制了《全国文物古建筑目录》，交给中国人民解放军，很好地保护了北京的文物和古城墙。

梁思成设计的扬州“鉴真和尚纪念堂”于 1973 年建成，1984 年荣获中国优秀建筑设计一等奖。为表彰梁思成教授和他所领导的集体在“中国古代建筑理论及文物建筑保护”的研究中作出的重要贡献，被国家科学技术委员会授予国家自然科学奖一等奖。由原建设部设立的“梁思成建筑奖”，是授予中国建筑师的最高荣誉奖，以表彰奖励在建筑设计创作中作出重大贡献和成绩的杰出建筑师。

模块四　公　路　工　程

思政目标：以新中国成立以来我国在交通建设方面取得的重大进展和突破为思政素材，对学生进行主人翁意识教育，树立民族自豪感，引导学生认同土木工程新政策、认同国家道路发展、认同社会主义核心价值观，从而激发学生的社会责任感。

知识目标：掌握公路的分类与分级，掌握公路的组成及各部分的作用，准确复述路面结构物各部分的作用。

能力目标：能够对公路进行分级分类，能够根据工程实际完成公路线路初选，能认识路面结构物，能够对公路进行简单养护。

素质目标：培养学生理论与实践相结合的意识。

项目一　公路的分类分级

一、公路分类

道路按照使用特点分为一般公路、城市道路和专用道路三大类。

1. 一般公路

一般公路是指连接城市、乡村的通道，主要供汽车行驶，具有一定技术条件和设施。按照其重要性和使用性可分为国道、省道、县道和乡道四大类。

（1）国道。国道是在国家干线网中，具有全国性的政治、经济、国防意义，并经确定为国家级干线的公路。

（2）省道。省道是在省公路网中，具有全省性的政治、经济、国防意义，并经确定为省级干线的公路。

（3）县道。县道是具有全县性的政治、经济意义，并经确定为县级干线的公路。

（4）乡道。乡道是指主要为乡（镇）内部经济、文化、行政服务的公路以及不属于县道以上公路的乡与乡之间及乡与外部联络的公路。

2. 城市道路

城市道路是指在城市范围内，供车辆及行人通行的具有一定技术条件和设施的道路。城市道路又分为快速路、主干路、次干路和支路四级。快速路和主干路的设计使用年限为20年，次干路的设计使用年限为15年，支路的使用设计年限为10~15年。

城市道路的功能是联系城市各部分，为城市内部各种交通服务，担负城市对外交通的中转集散任务，构成城市结构布局的骨架，确定城市的格局。其也是城市铺设各种公用设施的主要通道，为城市提供通风、采光，改善城市生活环境，能够划分街坊，组织沿街建筑，表现城市建设风貌等。

3. 专用道路

专用道路是由工矿、农林等部门投资修建，主要供该部门使用的道路，如厂矿道路、林区道路等。

厂矿道路是指工厂、矿山运输车辆通行的道路，通常分为厂内道路、厂外道路及露天矿山道路。林区道路是指修建在林区，主要供各种林业运输工具通行的道路，由于林区地形及运输木材的特征，其技术要求应当按照专门制定的林区道路工程技术标准执行。

道路工程中各类道路的位置、交通性质及功能均不相同，在设计时的依据、标准及具体要求也不相同，因此，必须按照相应的技术规范进行设计与施工。

二、公路分级

《公路工程技术标准》（JTG B01—2014）中规定，公路分为高速公路、一级公路、二级公路、三级公路及四级公路五个技术等级。

1. 高速公路

高速公路是指专供汽车分方向、分车道行驶、控制出入的多车道公路。高速公路的年平均日设计交通量宜在15000辆小客车以上。高速公路设计速度不宜低于100 km/h，受地形、地质等条件限制时，可以降低至80 km/h。高速公路有特殊困难路段，且因新建工程可能诱发工程地质灾害时，经论证，该路段的设计速度可采用60 km/h，但长度不宜大于15 km。

2. 一级公路

一级公路是指供汽车分方向、分车道行驶，可根据需要控制出入的多车道公路。一级公路的年平均日设计交通量宜在15000辆小客车以上。作为干线的一级公路，设计速度宜采用100 km/h，受地形、地质等条件限制，可采用80 km/h。作为集散的一级公路，设计速度宜采用80 km/h，受地形、地质等条件限制，且因新建工程可能诱发工程地质病害时，可采用60 km/h。

3. 二级公路

二级公路是指供汽车行驶的双车道公路。二级公路的年平均日设计交通量宜为5000～15000辆小客车。作为干线的二级公路，设计速度宜采用80 km/h，受地形、地质等条件限制，可采用60 km/h。作为集散的二级公路，设计速度宜采用60 km/h，受地形、地质等条件限制，可采用40 km/h。

4. 三级公路

三级公路是指供汽车、非汽车交通工具混合行驶的双车道公路。三级公路的年平均日设计交通量宜为2000～6000辆小客车，预计速度宜采用40 km/h，受地形、地质等条件限制，可采用30 km/h。

5. 四级公路

四级公路是指供汽车、非汽车交通工具混合行驶的双车道或单车道公路。双车道四级公路年平均日设计交通量宜在2000辆小客车以下，单车道四级公路年平均日设计交通量宜在400辆小客车以下。四级公路设计速度宜采用30 km/h，受地形、地质等条件限制，可采用20 km/h。

公路技术等级的选用应根据路网规划、公路功能，并结合交通车流量进行论证确定。主要干线公路应选用高速公路，次要干线公路应选用二级及以上公路，主要集散公路宜选用一、二级公路，次要集散公路宜选用二、三级公路，支线公路宜选用三、四级公路。

项目二　公 路 的 组 成

公路主要是供汽车行驶的线形工程结构物，由路线、结构物以及沿线附属设施三个基本部分组成。

一、公路中的路线

1. 公路线形

公路线形是指道路在地面上的位置及其三维外貌特征。这一空间线形投影到平、纵、横三个方面而分别绘制成反映其形状、位置和尺寸的图形，就是公路的平面线图、纵断线图和横断线图，公路设计中，平、纵、横三方面是相互影响，相互制约，相互配合的，设计时应综合考虑，并且必须考虑技术经济和美学等要求。

平面线形由直线、圆曲线和缓和曲线等基本线形要素组成；纵面线形由直线（直坡段）及竖曲线等基本要素组成；横断面是沿道路宽度方向，垂直于道路中心线所作的竖向剖面。

2. 一般规定

确定路线走廊带应考虑走廊带内各种运输体系及不同层次路网间的分工与配合，据此进行统筹规划、近远期结合、合理布局，充分发挥和提高公路总体综合效益。

公路选线必须由面到带、由带到线，在对地形地貌、地质水文、气候气象、自然保护区等调查与勘察的基础上经过论证后最终确定路线方案。路线线位应考虑同农田与水利建设、城市规划的配合，尽可能避让不可移动文物、水源与自然保护区，保护环境且同当地景观相协调。

各级公路应做好总体设计，正确处理公路与相关路网、交通节点的关系，合理设置各类出入口、交叉口和构造物。各类构造物的选型与布置应合理、实用、经济。路线设计应根据公路功能、技术等级和地形等条件，确定设计速度，合理确定公路断面布置形式，正确运用各类技术指标，注重平纵线形组合，保持线形连续均衡，在确保行驶安全的前提下，满足舒适环保与经济等要求。

3. 车道宽度

车道宽度是车辆安全行驶的基本保证，应该符合表 4 – 1 要求。

表4 – 1　车 道 宽 度

设计速度/($km \cdot h^{-1}$)	120	100	80	60	40	30	20
车道宽度/m	3.75	3.75	3.75	3.50	3.50	3.25	3.00

八车道及以上公路在内侧车道（内侧第 1、2 车道）仅限小客车通行时，其车道宽度可采用 3.50 m。通行以中、小型客运车辆为主且设计速度为 80 km/h 及以上的公路，经论证，车道宽度可采用 3.50 m。

四级公路采用单车道时，车道宽度应采用 3.50 m；设置慢车道的二级公路，慢车道宽度应采用3.50 m；需要设置非机动车道和人行道的公路，非机动车道和人行道等的宽度，宜视实际情况确定。

4. 车道数量

高速公路和一级公路各路段车道数应根据设计交通量、设计通行能力确定，当车道数为双车道以上时应按双数增加，各级公路车道数应符合表4－2要求。

表4－2 各级公路车道数

公路等级	高速、一级公路	二级公路	三级公路	四级公路
车道数	≥4	2	2	2或1

5. 左侧路缘带宽度

为了保证行车安全，不同等级下公路的左侧路缘带宽度应符合规范要求。一般情况下，高速公路和一级公路整体式断面必须设置中间带，中间带由中央分隔带和两条左侧路缘带组成；高速公路和作为干线的一级公路，中央分隔带宽度应根据公路项目中央分隔带的功能确定；作为集散的一级公路，中央分隔带宽度应根据中间隔离设施的宽度确定。

《公路工程技术标准》（JTG B01—2014）规定，左侧路缘带宽度不应小于表4－3的规定。设计速度为120 km/h、100 km/h，受地形、地物限制的路段或多车道公路内侧车道仅限小型车辆通行的路段，左侧路缘带论证后可选用0.50 m。

表4－3 左侧路缘带宽度

设计速度/(km·h^{-1})	120	100	80	60
左侧路缘带宽度/m	0.75	0.75	0.50	0.50

6. 最大纵坡

在道路修建过程中，最大纵坡应符合规范要求见表4－4。

表4－4 最大纵坡

设计速度/(km·h^{-1})	120	100	80	60	40	30	20
最大纵坡/%	3	4	5	6	7	8	9

设计速度为120 km/h、100 km/h、80 km/h的高速公路受地形条件或其他特殊情况限制时，经技术经济论证，最大纵坡值可增加1%。

公路改扩建中，设计速度为40 km/h、30 km/h、20 km/h的利用原有公路的路段，经技术经济论证后，最大纵坡值可增加1%。二级及以下公路的越岭路线连续上坡（或下坡）路段，相对高差为200～500 m时，平均纵坡不应大于5.5%；相对高差大于500 m时，平均纵坡不应大于5%；任意连续3 km路段的平均纵坡不应大于5.5%。

高速公路、一级公路应论证采用合理的平均纵坡，对存在连续长、陡纵坡的路段应进行安全性评价。

7. 选线时应注意的问题

理想的线形设计能使驾驶员在行驶中线形三维视觉空间舒顺、连续，并能预测前进方向及路况的变化，避免引起驾驶员视觉上的错觉和不良的心理反应，自然地从视觉上诱导驾驶员。在一些特殊路段，可借助交通管理设施、不同的植树方式等，来弥补设计中的某些不足之处。在公路路线选线方面应注意下列问题。

（1）山区地貌选线。山区地貌选线应在大面积区域地质调查的基础上，综合考虑地形、地质、分水岭两侧引线及施工条件等各种因素，做好多方案比选，最终选择出能避绕重大不良地质地段，选择地质条件相对较好的线路方案。

（2）沿河区域选线。沿河线路的选择受沿线水文地质条件等约束，沿岸路段的位置、高程及越河桥位选定等是需要考虑的主要问题。选线中要调查研究路线经过区域地质构造、滑坡、崩塌、泥石流、岩溶地貌等严重不良地质特征、范围及对线路的影响。尤其是河流曲折多弯，线路有跨河条件且桥不太高时，应选择有利的建桥地段，必要时可采用多次跨河方案。

（3）不良地质和特殊地质地区选线。线路通过不良地质和特殊地质地区应仔细查明地质现象的分布范围、类型、规模和严重程度，根据具体情况做出可行的通过和绕避方案，保证道路建成后畅通无阻。一般对性质严重、规模较大、难以处理的不良地质地段均应予以绕避，能通过治理彻底消除灾害隐患，代价又不大的地段可以不绕避。

二、公路中的结构物

公路结构物是承受荷载和自然因素作用的结构，它包括路面、路基、桥梁、桥涵、涵洞、隧道、排水系统等。在道路工程中根据建设需要包含全部结构物或其中几种结构物。

1. 路面

路面是指用筑路材料铺筑在公路路基上直接承受车辆荷载的层状构造物，是公路的重要组成部分，为车辆提供稳定、平整的行驶表面。路面类型应根据当地气候条件、公路功能、技术等级、交通量、环境保护、当地材料、工程造价、资源循环利用等因素进行综合论证后选用。

路面的铺筑材料主要有水泥混凝土、沥青混凝土、块石、沥青碎（砾）石混合料等。高等级道路的面层通常由两层（上面层和下面层）或三层（上面层、中面层、下面层）构成。

1）路面分类

路面类型按照路面结构的力学可划分为柔性路面和刚性路面两大类。

（1）柔性路面。柔性路面结构整体刚度较小，在行车荷载作用下产生的弯沉较大，使路基结构层部分区域应力相对集中。柔性路面主要由各种未经处治的粒料基层和沥青面层、碎（砾）石面层或块石面层组成。

（2）刚性路面。刚性路面主要是用水泥混凝土作面层或基层的路面结构。与柔性路面相比，刚性路面具有较高的抗压强度、抗弯强度、抗拉强度和弹性模量，具有较强的应力扩散能力，车辆荷载作用下传递给基层或路基的应力比柔性路面小。

2）路面分级

路面按照面层类型和适应的公路等级分成四个等级，见表4－5。

表4－5 路 面 等 级

路面等级	面层类型	适应的公路等级
高级	水泥混凝土面层、沥青混凝土面层、沥青玛蹄脂碎石面层、整齐块石和条石面层	高速、一级、二级公路
次高级	沥青贯入式碎石面层、路拌沥青碎石面层、半整齐石块面层	二级、三级公路
中级	泥结碎（砾）石面层、级配碎（砾）石面层、泥灰结碎（砾）石面层、乳化沥青碎石混合料面层、不整齐石块及其他粒料面层	三级、四级公路
低级	粒料加固土面层、当地材料改善土面层	四级公路

（1）高级路面。高级路面的特点是强度高、刚度大、稳定性好、使用寿命长、平整无尘，能保证车辆高速通行。高级路面需要使用高质量的材料修筑，因此，初期建设投资较高，但后期路面养护费用少、维护成本低。

（2）次高级路面。与高级路面相比，次高级路面的强度、刚度、水稳定性均较差，使用寿命短，行车速度也较低。其建设投资相比高级路面低，但要求定期维护，后期养护费用和运输成本较高。

（3）中级路面。中级路面的强度小、刚度低、水稳定性差，路面平整度差，易产生扬尘。中级路面可以利用当地材料修筑，初期建设投资低，但养护工作量大，且需经常养护维修，因此运维成本也较高。

（4）低级路面。低级路面的强度和刚度最低，水稳定性差，路面平整度差，易扬尘，只能低速行车，雨季甚至不能通车。低级路面可以大量使用当地材料修筑，初期建设投资成本低，但要求经常维护和维修，因此运维成本最高。

3）路面使用年限

《公路工程技术标准》（JTG B01—2014）中对于路面使用年限有着明确的规定，按照公路等级及路面材料确定，设计使用年限应不低于表4－6的规定。

表4－6 路面结构设计使用年限

公路等级		高速公路	一级公路	二级公路	三级公路	四级公路
设计使用年限/年	沥青混凝土路面	15	15	12	10	8
	水泥混凝土路面	30		20	15	10

实际使用中由于车辆超载现象的普遍存在，以及自然环境因素（如气候、降水等）的长期影响，公路的路面状况会逐渐恶化，因此，尽管设计年限存在，但许多公路在使用一段时间后都需要进行定期养护和维修，以确保其安全、顺畅地运行。

4）路面性能

（1）足够的强度和刚度。路面强度是指路面抵抗车辆荷载引起的各种应力而不发生破坏的能力，材料特性、施工质量、路基状况及环境因素都会对其产生影响；路面刚度是指路面抵抗变形的能力，反映了路面在车辆荷载作用下保持其原有形状的性能，受路面结构层厚度、材料弹性模量、结构形式及地基刚度制约。足够的强度与刚度，是保障路面正常使用、车辆平稳、安全行驶的关键。

（2）良好的稳定性。路面结构裸露在大气中，一直受到外界温度和湿度的影响，使路面材料的物理力学性能不断劣化。沥青路面在夏季高温时可能出现车辙和推挤病害，水泥混凝土路面在高温时可能出现拱胀病害，砂石路面在雨季时可能出现沉陷、车辙或波浪病害，因此，路面结构需要在温度和湿度变化下仍能满足使用需求，具有足够的稳定性。

（3）耐久性。路面结构要承受外部荷载的重复作用，由此逐渐出现疲劳破坏和塑性变形累积，因此，路面结构必须具有足够的抗疲劳强度和抗老化能力，以满足路面使用中的耐久性。

（4）路面平整度。路面平整度是影响行车安全、行驶舒适性和运输效率的重要指标。不平整的路面会增大行车阻力，并使车辆产生附加振动，影响行车安全，因此，路面必须保证规定的平整度以满足道路正常使用。

（5）路面抗滑性。路面抗滑性能通常采用摩擦系数来表征。虽然道路表面要求平整度好，但不宜光滑。光滑的表面会造成行驶的车轮与路面之间的附着力和摩擦力较小，影响行车安全，特别是在雨天高速行车、紧急制动或爬坡转弯时，车轮易产生空转或打滑，致使车速降低、油耗增加，甚至引起交通事故。

（6）路面耐磨性。路面常会经受车辆和人的无数次行走和碾压，在长时间的使用过程中，需具备较高的耐磨性。如果材料磨损较大或承受不了重压，会降低路面的稳定性和使用寿命，甚至造成交通安全事故。因此，选择耐磨性能好的材料是保证道路使用寿命和交通安全的关键。

（7）隔水性。面层的下部是承担荷载的基层，大气降雨若通过路面渗入路基内部，在高速行车荷载的反复作用下，产生的动水压力会不断冲刷路面，使路面出现剥落、坑洞、网裂等病害，影响行车舒适性及安全。

（8）少尘性。汽车在路面行驶过程后产生的真空吸力会把路面表层细小材料吸出，导致路面松散、脱落、形成坑洞及扬尘。路面扬尘不仅会加速汽车零件的损坏、影响行车视距、降低行车速度，还会影响周边行人健康、环境卫生及农作物生长。

（9）低噪声。行车噪声会使道路沿线嘈杂，影响周边人类、动物的正常生活。行车噪声的产生主要有两个因素：一方面是路面平整度差、面层材料的刚度大；另一方面是不良的线形设计导致车辆频繁地加速、减速、转向。

5）路面养护

（1）水泥混凝土路面养护。水泥混凝土路面养护应达到以下要求：①及时清扫行车道与硬路肩上的泥土和杂物，设有中间带、爬坡车道、应急停车带的泥土和杂物也应清扫干净；②填补或清除水泥混凝土路面各种接缝填料，并防止泥土、砂石及其他杂物进入缝内，影响混凝土路面板的正常伸缩；③经常检查和疏通路基路面的排水设施，防止积水，保护路面不受地面水和地下水的损害；④清洗和涂刷路面各种标线、导向箭头及文字标记，确保各种标线、标记完整无缺、清晰醒目；修剪路肩外及中央分隔带内种植的绿化植物，保持路容整齐、美观，如有空缺或老化应及时补植或更新，及时防治病虫害，处理影响视距和路面稳定的绿化植被；⑤采取合适的材料和相应的措施对路面、路肩和路缘石等局部损坏进行修复，以保持路面具备各级道路所要求的使用状态和服务水平；⑥路面损坏较大时，应根据路面检查评定结果安排大修、中修或专项修补，局部路段路面损坏严重的，应予以翻修，以达到设计使用标准；⑦整个路段路面平整度、抗滑能力不足时，可以采取罩面措施以恢复其表面功能；⑧整个路段路面接缝填缝料破坏的，应予以全面更换；⑨路面承载能力不足或不适应交通运输要求时，应根据不同情况进行加铺、加宽，以提高承载能力和通行能力。

（2）沥青路面养护。沥青路面的养护可分为日常巡视与检查、小修保养、中修保养、大修保养、改建和专项养护等。

养护达到以下要求：①沥青路面日常巡视与检查是否有明显的坑槽、裂缝、拥包、沉陷、松散、车辙、泛油、波浪、麻面、冻胀、翻浆等病害，并评判其危害程度，预测病害发展趋势，检查路面上是否有可能损坏路面或妨碍交通的堆积物等；②沥青路面小修保养是清扫路面泥土、杂物，排除路面积水、积雪、积冰、积砂，刷白、修理拦水带（路线石），清理边沟，维修护坡道，修补路面的泛油、拥包、轻微裂缝、横向裂缝、坑槽、沉陷、波浪、局部网裂、松散、车辙、麻面、啃边等病害；③沥青路面中修保养是沥青路面整段铺装罩面或封面，沥青路面局部严重病害处理，沥青路面整段更换路缘石，整段维修路肩；④沥青路面大修保养是对路面损坏严重的应根据损坏程度，及时安排大修、中修或专项修补，进行维修和整治；⑤对路面承载能力不足或不适应交通要求的应根据不同情况进行补强、加宽或改线，以提高道路等级；⑥沥青路面的养护要重视路面排水，及时修补沥青路面的坑槽和裂缝，防止地表水渗入基层，对已渗入基层的积水，应设纵横向盲沟排水，地下水位较高的在排水沟下面设置腹式盲沟；⑦加强路面排水设施的维修养护，保持良好的排水功能，减少水对路基路面的危害，确保沥青路面保持良好的运输状态。

沥青路面改建内容包括放弃原有道路的重建、路线的移改，路基的改建、路面的改建和桥涵的改建等。沥青路面专项养护是对沥青路面进行整段铺装、罩面或封面（稀浆封层），对路面局部严重病害进行处理，更换整段路缘石、维修整段路肩等，此外还包括针对特定路段或特定问题，实施养护工程，确保路面的安全、舒适和顺畅。

路面养护不仅有助于提升道路的整体性能和使用寿命，还能适应交通需求、提高公路等级，从而改善和提升路面状况。通过路面养护，可以有效延长路面的使用寿命，减少维修成本和交通中断情况，确保行人和驾驶员的安全，减少交通事故的发生，同时维护城市形象，提高城市交通的舒适度和便利性。

2. 路基

路基（图4－1）是道路工程的基础部分，由土石等材料按一定技术要求修筑而成。它承受路面传来的行车荷载及自然因素作用，可分为路堤、路堑等形式，其施工质量对道路整体性能与使用寿命影响重大。

路基虽然位于面层之下，但仍然难以避免大气降雨的渗入，而且还可能受到地下水的

图 4 - 1　路基

侵蚀，因此，路基除了具有足够的强度和刚度外，还应具有良好的水稳定性、平整度。铺筑路基的材料主要有各种结合料（石灰、水泥或沥青等）、稳定土、碎石或工业废渣（如煤渣、粉煤灰、矿渣、石灰渣等）组成的混合料、贫水泥混凝土、各种碎石混合料或天然砂砾及片石、块石或圆石等。高等级道路的路基通常较厚，一般分为两层或三层铺筑。

1）路基高度规定

路基高度应满足路肩边缘高出路基两侧地面积水高度要求，同时考虑地下水、毛细水和冰冻的作用，不使其影响路基的强度和稳定性。

沿河及受水浸淹的路基边缘高度，应高出规定设计洪水频率的计算水位加壅水高度、波浪侵袭高度和 0.5 m 的安全高度。

2）路基技术要求

路基基底强度不够、稳定性不足时，应进行清理和压实，以保证路基稳定，减少路基施工完成后的沉降。路基压实度应根据公路技术等级、填挖深度、交通荷载等级和填料特点等因素确定，压实度数值以重型击实试验为准。

三级、四级公路修筑沥青混凝土或水泥混凝土路面时，其路基压实度应采用二级公路标准。在满足路基各层压实度的前提下，应根据路基实际采用的填料类型和路面结构设计要求确定路床顶面回弹模量标准，对于重载交通路基、软弱路基和特殊土路基，可适当提高路床顶面回弹模量标准。

3. 涵洞

涵洞是在公路、铁路工程建设中，为了使道路顺利通过水渠而不妨碍交通，设于路基下的排水孔道。涵洞单孔跨径一般小于 5 m，通过这种结构可以让水从公路下部流过，涵洞也可以用于跨越天然沟谷、洼地或横跨大小道路，作为人、畜和车辆的立交通道。

涵洞作为公路工程中的重要组成部分之一，在公路工程中使用较多。涵洞主要由洞身、基础、端部和翼墙等组成，常用砖、石、混凝土和钢筋混凝土等材料修筑。涵洞按形状可分为管涵、盖板涵、箱涵及拱涵等，如图 4 - 2 所示。

(a) 管涵

(b) 盖板涵

(c) 箱涵

(d) 拱涵

图 4－2　涵洞

4. 桥梁

桥梁是架设在江河、湖泊、海洋上使车辆、行人等能顺利通行的构筑物。为适应现代高速发展的交通行业，桥梁可作为跨越山涧、不良地质或满足其他交通需要而架设的使通行更加便捷的构筑物，在道路运输工程中不可或缺。图 4－3 为以桥代路的旱桥。

图 4－3　旱桥

5. 隧道

隧道是为了道路从地层内部或水底通过而修筑的构筑物，可以缩短道路里程并使车辆平顺迅速通行，是现代高等级公路中不可或缺的一部分。

1）隧道设计原则

隧道高程和平面位置应根据公路等级、路线总体设计方案确定，设置在地层稳定，利于设置洞口、洞口两端接线、防灾救援、管理养护等地段。

拟定路线总体设计方案应论证采用隧道给生态环境带来的影响，对于生态环境脆弱的地带或可能因施工造成生态环境难以恢复的地段，应优先选择对环境影响小的方案，并辅以治理措施。隧道路面应具有足够的抗滑性能，洞内、外衔接路段路面设计抗滑性能应一致。

2）隧道最小侧向宽度

为了保证行车安全，根据《公路路线设计规范》（JTG D20—2017）规定，隧道内最小侧向宽度应符合表4－7要求。

表4－7 隧道内最小侧向宽

设计速度/($km\cdot h^{-1}$)	高速公路、一级公路				一级、二级、三级、四级公路				
	120	100	80	60	80	60	40	30	20
左侧侧向宽度/m	0.75	0.75	0.50	0.50	0.75	0.50	0.25	0.25	0.50
右侧侧向宽度/m	1.25	1.00	0.75	0.75	0.75	0.50	0.25	0.25	0.50

高速公路、一级公路的隧道应在两侧设置检修道，其宽度应大于或等于0.75 m。二级、三级公路的隧道宜在两侧设置人行道（兼检修道），二级、三级公路隧道的人行道宽度应大于或等于0.75 m。四级公路隧道、连拱隧道左侧可不设置检修道或人行道，但应保留一定宽度。单车道四级公路的隧道应按双车道四级公路标准修建。

山岭地区特长隧道、长隧道内可以不设置硬路肩，设置硬路肩的硬路肩宽度小于2.5 m的单洞两车道隧道应设置紧急停车带。单洞三车道隧道宜设置紧急停车带，紧急停车带宽度应为3.0 m，且与右侧侧向宽度之和应大于等于3.5 m，有效长度应大于等于40 m。

6. 排水系统

为了防止地面水及地下水等水体侵蚀、冲刷路基，确保路基稳定，需设置排水构造物。道路工程中常见的排水构造物有边沟、截水沟、排水沟、跌水、急流槽、盲沟、渗井及渡槽等，如图4－4所示。这些排水构造物组成综合排水系统，以减轻或消除水体对道路的影响。

道路排水与防水应综合设计、合理布局，并与沿线排灌系统相协调，保护生态环境，防止水土流失和水源污染。排水系统要根据公路等级，结合沿线气象、地形、地质、水文等自然条件，设置必要的地表排水、路面内部排水、地下排水等设施，并与沿线排水系统

(a) 边沟　　(b) 截水沟

图 4-4　公路排水构造物

相配合，形成完整的排水体系。

特殊地质地段的路基、路面排水必须与该路段工程整治措施相结合，进行综合设计，以减少路面结构损坏。排水系统应遵循以下原则。

（1）排水设计要因地制宜、全面规划、因势利导、综合整治、讲究实效、兼顾经济，充分利用有利地形和自然水系。一般情况下，地面和地下设置的排水沟渠宜短不宜长，以使水流不致过于汇集，做到及时疏散，就近分流。

（2）路基排水沟渠的设置应注意与农田水利相配合，必要时可适当增设涵管或加大涵管孔径，以防农业用水影响路基的稳定性，并做到路基排水有利于农田灌溉。路基边沟一般不用作农田灌溉渠道，两者必须合并使用时，边沟的断面应加大，以防止水流危害路基。

（3）路基排水设计前必须进行调查研究，查明水源与地质条件。重点路段要进行排水系统的全面规划，考虑路基排水与桥涵布置相配合、地面排水与地下排水相配合、各种排水沟渠的平面布置与竖向布置相配合，做到综合整治，分期修建。排水困难和地质不良的路段应与路基防护和加固工程相配合，并进行专项设计。

（4）路基排水要注意防止附近山坡的水土流失，尽量不破坏天然水系，不轻易合并自然沟渠和改变水流性质。尽量选择有利地质条件布设人工沟渠，减少排水沟渠的防护与加固工程。对于重点路段的重要排水设施及土质松软和纵坡较大地段的排水沟渠，应进行必要的防护与加固。

（5）路基排水要结合当地水文条件和道路等级等具体情况，应就地取材，以防为主，既要稳固适用，又必须考虑经济效益。

7. 防护工程

防护工程是为了减少周边地质环境对于道路侵扰而设置的保护道路正常通行的防护措施，以保证路基及周边构造物的安全稳定。

道路防护一般需要在陡峭山坡或沿河一侧的路基边坡修建填石边坡、砌石边坡、挡土墙、护脚及护面墙等。沿河路基可设置导流结构物，如顺水坝、格坝、拦水坝等间接防护工程，在山区路段设置防护网、挡土墙、锚杆等，在砂害路段设置防止砂砾流动的防护栏、防护墙等。

三、公路中的沿线附属设施

为了保证行车安全、方便驾驶、提供服务、便于管理，在道路沿线设置各种附属设施。例如交通安全设施有护栏、防眩板、反光标志等，交通管理设施有交通信号、标志标线、标记、情报板、紧急电话、通信和监视系统等，服务设施有停车场、加油站、维修站、餐厅等，道路管理设施有收费站、公路管理站等，辅助性设施有照明、隔声屏障等。

项目三　公路工程施工过程

施工单位接受公路工程施工任务后，依次经历开工前的规划组织阶段、现场施工条件准备阶段、正式施工阶段、竣工验收阶段等，按照设计要求和合同约定完成全部施工任务。对于不同规模、不同性质的具体工程项目，各阶段的工作内容不尽相同。

1. 开工前的规划组织阶段

开工前的规划组织工作的基本任务是根据工程特点、进度要求，合理安排施工力量，从人力、物力、技术和施工组织等方面为工程施工提供一切必要条件。规划组织准备工作内容主要包括：熟悉和核对设计文件、补充调查资料、组织先遣人员进场、编制实施性施工组织和施工预算。

2. 现场施工条件准备阶段

经过现场核对后，承包人依据设计文件和实施性施工组织设计，认真做好施工现场的准备工作，包括征地拆迁、技术准备工作、建立临时生产生活设施，施工需要的人员、机具、材料的陆续进场等，开工前的各项具体准备工作完成后，即可向业主或监理单位提出开工申请。现场施工条件准备工作不仅在施工前进行，还贯穿于路基、路面、桥涵等各项工程整个施工过程之中。

3. 正式施工阶段

公路工程施工应严格按照设计图纸进行，如需变更，必须事先按规定程序报备并批准。公路工程在施工开展中，必须按照施工组织设计确定的施工方法、施工顺序和进度要求进行，各分项工程（特别是地下工程和隐蔽工程）各道工序要做好施工原始记录，检查合格后才能进行下一道工序的施工，施工要严格按照设计要求和施工技术规范、验收规程进行，保证质量、安全操作、不留隐患，发现问题及时解决。公路的路基、路面、桥梁、隧道、涵洞等施工必须考虑施工的时间与空间上的先后顺序，既要考虑空间上的施工流向顺序，又要考虑各工种工序在时间上的紧密衔接问题。其目的是在保证工程质量、工期和安全施工的前提下，使各工序之间相互协调，以充分利用工作面、缩短工期、节约费用。

4. 竣工验收阶段

公路工程按照设计要求建成后，承包人应自行初验，并具备齐全的施工文件资料，初验合格后项目建设单位组织竣工验收，竣工验收完成并交付甲方。

公路工程验收由交通运输部或省、自治区、直辖市交通行政主管部门根据建设项目的规模大小分别组织。参加竣工验收的人员应包括主管部门、公路管理机构、造价管理单位、设计单位、施工单位、监理单位、接管养护单位及特邀专家等。

基本建设程序　　施工准备工作概述　　施工现场准备

项目四　公路的发展

一、国外公路的发展

国外公路发展历程漫长且成果丰硕，从早期的基础搭建到如今的高度现代化，经历了翻天覆地的变化。

1. 国外公路的过去

早期国外公路建设主要出于军事和贸易需求。古埃及出于运输建造材料的考量，修筑了简易道路，这些道路只是在自然地面简单平整，通行条件有限。罗马帝国时期，公路建设迎来第一次高峰。罗马人构建了以罗马为中心、向帝国四方延伸的庞大道路网络，总里程超 8 万 km，罗马大道工程技术先进，道路基层坚实，以石块铺面，还设有排水系统。

工业革命后，公路建设进入新阶段。18 世纪末，英国工程师约翰·劳登·马卡丹发明“马卡丹路”，以碎石铺设路面，中间高两边低，利于排水，极大提升了道路通行舒适度，这一筑路方法在欧美广泛传播。19 世纪末 20 世纪初，随着蒸汽机车和汽车问世，交通需求大增，欧美国家开启大规模公路建设。美国西进运动期间，为开发西部资源，连接东西部的公路不断延展，此时公路建设技术改进，道路质量和长度显著提升。

两次世界大战期间，公路成为军事运输关键通道，刺激了建设投入与技术革新。德国在 20 世纪 30 年代建成世界首条高速公路——科隆至波恩高速公路，高速公路具有全封闭、多车道、车速快的特性，为战后公路发展奠定基础。同时，高强度筑路材料研发和大型筑路机械应用，推动了公路建设技术进步。

2. 国外公路的现状

现在，国外公路已形成成熟、高效的现代化网络。欧美国家公路建设持续完善，美国在通过《1956 年联邦援助公路法》后，大力建设州际高速公路系统，总里程超 7 万 km，连接主要城市，极大推动了经济发展、人员流动与城市化进程。欧洲各国也不断拓展公路网络，强化区域联系。

日本在战后全力发展公路交通，尤其在山区和岛屿地区，凭借桥梁、隧道建设克服地理阻碍，实现全国公路互联互通。当下，智能交通系统成为公路发展新亮点，通过传感器、通信技术和计算机算法，实现交通流量实时监测调控、车辆智能导航、电子不停车收费等功能，显著提升公路安全性与运行效率。

国外公路从过去简单的基础建设，发展到如今集大规模网络、先进技术、智能管理于一体的现代化交通体系，其发展历程深刻反映了人类社会进步与科技飞跃，持续为经济发展和社会交流提供强大支撑。

二、国内公路的发展

我国公路交通的快速发展有效缓解了我国交通运输紧张状况，显著提升了国家的综合国力和竞争力，但我国公路的发展也经历了漫长的阶段。

1. 国内公路的过去

新中国成立初期，全国（港、澳、台地区除外）公路通车里程仅为 8 万 km，技术等级十分低下。新中国成立后经过几十年的建设，到 1996 年，全国公路通车里程达 118.6 万 km，其中高速公路 3422 km，一级、二级汽车专用公路 15000 多千米，四级及四级以下公路 87 万 km，全国 100% 的县城、95% 以上的乡镇、74% 的行政村通了公路。

2. 国内公路的现状

《公路“十四五”发展规划》中指出，截至 2020 年末，全国公路固定资产投资累计超过 10 万亿元，公路总里程接近 520 万 km，高速公路通车里程达到 16.1 万 km。以下介绍国内目前几条具有代表性的公路。

1）郭亮挂壁公路

我国有 7 条挂壁公路，最著名的是河南省辉县的郭亮挂壁公路，1972 年开工，1977 年竣工通车。

这条公路是当时郭亮村党支部书记带领 12 位村民在没有机械、电力的情况下，用铁锤在绝壁中凿出来的道路。一条路的修建，让郭亮村由一个落后的小山村变成国家级旅游观光胜地，人们过上了富足的小康生活。

2）沪嘉高速公路

沪嘉高速公路是中国大陆首条建成通车的高速公路，于 1984 年 12 月开始动工，1988 年 10 月通车，全长 18.5 km。

沪嘉高速公路的建成结束了中国大陆没有高速公路的历史。2012 年 1 月，沪嘉高速公路调整为城市快速路，并结束了收费的历史。

3）雅西高速公路

雅西高速公路连接四川省雅安与西昌两市，全长共计 240 km，总投资约 206 亿元，于 2007 年动工，耗时 5 年竣工。一路由四川盆地边缘向横断山区高地爬升，每向前延伸 1 km，平均海拔高程就将上升 7.5 m，被称为云端上的高速公路。

雅西高速公路跨越青衣江、大渡河、安宁河等水系和 12 条地震断裂带，是世界公认的自然环境最恶劣、工程难度最大、科技含量最高、坡度最陡、海平面最高、危险系数最大的山区高速公路之一。

4）榆靖高速公路

榆靖高速公路主线全长 116 km，有 70 多千米路段通过毛乌素沙漠，是中国第一条沙漠高速公路，2003 年 8 月正式建成通车。

榆靖高速公路总投资为 18.17 亿元，其中用于绿化防沙的投资就达 4000 多万元。在公路中央分隔带、两侧边坡、平整绿化带和防风固沙带内栽植了各种绿化树种和草种。现今，当年的流动沙丘不见了踪影，取而代之的是道路两旁延绵不断的乔木、灌木和草地，已经成为一条“绿色长廊”高速公路。这是中国荒漠化治理的一个缩影，也是人与自然和谐相处的典范工程。

5）杭甬高速公路复线

杭甬高速公路复线是国内打造的首条超高速公路。杭甬高速公路复线借鉴了德国的无限速高速公路经验，设定最低限速为 120 km/h，并计划在未来逐步提升至 150 km/h 以上。

杭甬高速公路复线将实现车路协同，支持汽车自动驾驶，并引入自动收费系统，使其成为一条真正智能化的高速公路。太阳能发电和路面光伏发电技术将为新能源汽车提供充电设施，而移动式无线充电技术则是其远期目标。

3. 国内公路的未来

《“十四五”现代综合交通运输体系发展规划》（简称《规划》）数据显示，预计到 2025 年全国公路通车里程增加到 550 万 km。《规划》还指出，提升国家高速公路网络质量，实施京沪、京港澳、京昆、长深等国家高速公路主线繁忙拥挤路段扩容改造，加快推进并行线、联络线以及待贯通路段建设。将西部地区普通国道二级及以上公路比重提高到 70%，完善“四好农村路”高质量发展体系，实现通三级及以上公路的乡镇比重达到 85% 左右，推动较大人口规模自然村通硬化路，因地制宜推进建制村双车道公路建设和农村过窄公路拓宽改造，推进渡改桥等便民设施建设。

《国家公路网规划（2013 年—2030 年）》总体指出，形成布局合理、功能完善、覆盖广泛、安全可靠的国家干线公路网，实现首都辐射省会、省际多路连通、地市高速通达、县县国道覆盖。国家公路网规划总规模 40.1 万 km，国家高速公路网由 7 条首都放射线、11 条北南纵线、18 条东西横线，以及地区环线、并行线、联络线等组成，约 11.8 万 km，普通国道网由 12 条首都放射线、47 条北南纵线、60 条东西横线和 81 条联络线组成，总规模约 26.5 万 km。

展望 2035 年，基本建成安全、便捷、高效、绿色、经济的现代化公路交通运输体系，基础设施网络趋于完善，运输服务质量效率全面提升，先进科学技术深度赋能公路交通发展，平安、绿色、共享交通发展水平和行业治理能力明显提高，支撑“全国 123 出行交通圈”（都市区 1 小时通勤、城市群 2 小时通达、全国主要城市 3 小时覆盖）、“全球 123 快货物流圈”（快货国内 1 天送达、周边国家 2 天送达、全球主要城市 3 天送达）和国家现代化建设能力显著增强。

巩固与提升

1. 说出公路的基本组成。
2. 公路选线中需要考虑哪些因素？
3. 简述路面的性能要求。
4. 简述公路工程的施工过程。
5. 查阅资料，收集一条你认为最美的公路与班级同学分享。

拓展阅读

赵祖康

赵祖康，上海松江人，1900 年 9 月 1 日出生，1995 年 1 月 19 日在上海病逝。

赵祖康自幼就嗜学好问，岳飞、文天祥等中国古代的英雄事迹在他幼小的心灵上种下了爱国主义的种子。他在学校刻苦攻读，擅长作文，老师表扬他有文学天赋，曾经参加全县征文比赛获得金质奖章。14 岁考进江苏省立第三中学，课余时间喜欢阅读革命书刊，他还在书桌上贴了一个纸条“勤于读书，爱国爱民”以自勉。18 岁考进南洋大学（现上海交通大学前身），1921 年转入唐山交通大学（现西南交通大学）攻读土木工程，1930 年由铁道部派去美国康奈尔大学研究院进修道路与排水工程，1932 年回国。

赵祖康深受孙中山先生“实业救国”思想影响，青年时期即立志从事中国交通事业，并将“致力工程，为民服务”作为终生奋斗的目标，曾写下“开边须筑路，救国仗书生”的豪迈诗句。抗日战争全面爆发后，他组织力量赴前方抢修公路，又加紧筹划西北和西南国际干线公路的修筑，奋不顾身地奔波在蜀道天险之间和黄土高原之上，督导施工，不遗余力地实践着自己的救国梦。

赵祖康主持公路建设期间，擘画和整修了苏、浙、皖三省两市 6 条联络公路，统筹中国的联络公路网，主持修筑西兰、西汉和乐西公路。他治学严谨、立论精辟，主编《英汉道路工程词汇》，曾被联合国教科文组织指定为专业参考工具书之一。

赵祖康作为一位公路工程专家，致力于开拓中国的公路交通事业的制度化定型，为全国公路联网和规范化建设奠定基础，被誉为“中国公路的泰斗”。

模块五 铁 路 工 程

思政目标：帮助学生树立正确的个人操守和职业道德，摆正个人的价值观，践行社会主义核心价值观，引导学生为铁路强国建设贡献力量。

知识目标：了解铁路的组成，了解国内外普通铁路、高速铁路、磁悬浮铁路的发展历程，掌握铁路各组成部分的作用。

能力目标：能够准确认识铁路各组成部分，识别普通铁路、高速铁路、磁悬浮铁路。

素质目标：培养学生的奉献精神、责任意识。

项目一 铁路的分类分级

一、铁路分类

铁路按路网类型分为国家干线铁路、区际干线铁路、地方区域铁路、城际轨道交通、城市轨道交通、地方专线铁路、各支线铁路。

铁路按设计规划、投资建设和经营管理等划分为国家铁路、地方铁路、合资铁路和专线铁路。

铁路按速度类型划分为高速铁路、快速铁路和普速铁路，简称高铁、快铁和普铁。

铁路按功能类型分为客货共线铁路、客运专线铁路和货运专线铁路。除了必要的技术作业车辆之外，客货共线可以运行旅客列车和货物列车，客运铁路只能运行旅客列车，货运铁路只能运行货物列车。

铁路按轨道的各种性质有不同的分法，复杂多样。例如：按照轨道形式分为常规铁路、单轨铁路、磁悬浮轨道、轻便铁路；按照轨道结构分为有砟铁路、无砟铁路、有缝铁路、无缝铁路；按照轨道间距分为宽轨铁路、标轨铁路、窄轨铁路；按照轨道数量分为单线铁路、双线铁路、多线铁路；按照轨道重量分为重轨铁路、轻轨铁路；按照轨道设备分为电气化铁路和非电气化铁路；按照轨道位置分为高架铁路、地面铁路和地下铁路。

二、铁路分级

《铁路线路设计规范》（TB 10098—2017）中规定，铁路等级根据其在路网中的作用、性质、设计速度和客货运量确定，分为高速铁路、城际铁路、客货共线铁路、重载铁路。

高速铁路的设计速度为 250 km/h（含预留）及以上，是运行动车组列车或初期运营速度不小于 200 km/h 的客运专线铁路。

城际铁路是专门服务于相邻城市间或城市群的铁路，是设计速度 200 km/h 及以下的快速、便捷、高密度客运专线铁路。

客货共线铁路是设计速度 200 km/h 及以下的铁路。客货共线铁路分为Ⅰ级、Ⅱ级、Ⅲ级、Ⅳ级。Ⅰ级铁路是在铁路网中起骨干作用的铁路，或近期年客货运量大于或等于

20 Mt；Ⅱ级铁路是在铁路路网中起联络、辅助作用的铁路，或近期年客货运量小于 20 Mt 且大于或等于 10 Mt；Ⅲ级铁路是为某一地区或企业服务的铁路，近期年客货运量小于 10 Mt 且大于或等于 5 Mt；Ⅳ级铁路是为某一地区或企业服务的铁路，近期年客货运量小于 5 Mt。

重载铁路是满足列车牵引质量 8000 t 及以上、轴重为 27 t 及以上、在至少 150 km 线路区段上年运量大于 4000 万 t 三项条件中两项的铁路。

高速铁路、城际铁路、客货共线Ⅰ级和Ⅱ级铁路、重载铁路的设计速度应根据运输需求、工程条件等因素综合比选确定，按表 5－1 规定的数值选用。当沿线运输需求或地形差异较大，并有充分的技术经济依据时，可分路段选定设计速度，路段长度不宜过短。

表 5－1　设　计　速　度

铁路等级	高速铁路	城际铁路	客货共线Ⅰ级	客货共线Ⅱ级	重载铁路
设计速度/($km \cdot h^{-1}$)	350、300、250	200、160、120	200、160、120	120、100、80	100、80

项目二　铁路的组成

土木工程中的铁路工程主要是指铁道线路建设，铁道线路包含路基、钢轨、道床、轨枕、防爬设备、联结零件和道岔。

一、路基

路基（图 5－1）是为满足轨道铺设和运营条件而修建的承受并传递轨道自重及列车荷载作用的结构，它是轨道的基础，是保证列车运行的重要构筑物。路基必须保证规定的标高，并与桥梁、隧道连接通畅。

图 5－1　路基

路基是一种土石结构，处于各种地形地貌、地质、水文和气候环境中，遭受洪水、泥石流、崩塌、地震等地质灾害的可能性大，在铁道线路中需加强路基保护。

二、钢轨

钢轨（图5－2）是轨道的主要部件，由轨撑、扣件、压轨器、道夹板、弹条、铁路道钉等固定在轨枕上，用于引导机车车辆行驶，并将所承受的荷载传递到轨枕、道床及路基上，为车轮的滚动提供接触面。

钢轨分为轨头、轨腰和轨底三部分。轨头宜大而厚，外形与车轮面相适应，以改善接触条件，减少钢轨的磨损，提高抗压陷的能力；轨腰必须有足够的厚度、较大的承载能力和抗弯能力；轨底直接支承在轨枕顶面上，为保持钢轨稳定，应有足够的宽度和厚度，具有必要的刚度和抗锈蚀能力，如图5－3所示。

图5－2　钢轨

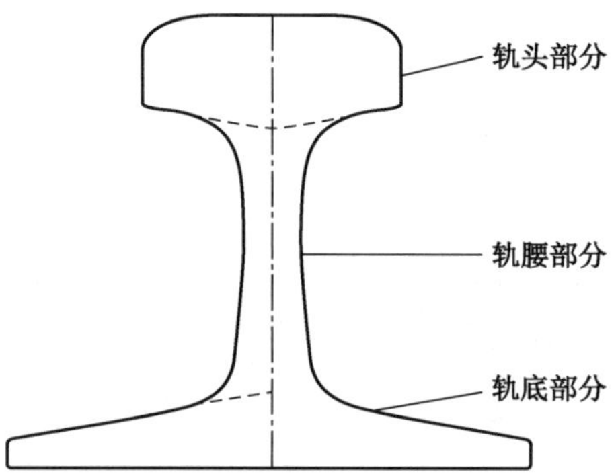

图5－3　钢轨示意

三、道床

道床（图5－4）铺设在路基之上、轨枕之下，列车的荷载通过钢轨、轨枕并经过道床扩散于路基上，起保护路基的作用，也能阻止轨枕的移动，保持钢轨正确的几何形位，这对于减少列车行进中的振动、保证列车安全尤为重要。

道床材料必须具备强度高、变形小、吸水性小、耐冻性强、耐腐蚀性好、不易压碎、捣碎和磨碎的特点，同时能便于排水。一般可用作道床材料的有碎石、熔炉矿渣、筛选卵石及粗砂和中砂等。

我国铁路道床的主要材料为碎石，随着列车载重的增加、速度的提升及乘客乘坐舒适度的需求提高，铁道工程中对道床材料的要求也越来越高，无砟轨道应运而生。无碴轨道是以混凝土或沥青砂浆取代散粒道砟道床而组成的轨道结构形式，它具有稳定性好、刚度大、变形小、受力均匀、耐久性好等优点。常见的无砟轨道形式主要有整体道床、板式轨道和浮制板轨道三类。

图 5－4　道床

1. 整体道床

整体道床摒弃传统的道砟道床，用混凝土直接浇筑于路基上。预制的钢筋混凝土支撑块嵌固于混凝土道床内，混凝土道床一般都采用现场浇筑。整体道床适用于石质隧道、桥梁、高架铁道和地下铁道等需要坚实基础的铁路工程。

2. 板式轨道

板式轨道在日本铁路应用较多，多在岩石基础、桥梁和高架结构上使用，采用钢筋混凝土或预应力钢筋混凝土板工厂预制而成，运输至施工现场进行拼装固定即可，施工速度快，工程质量好。

3. 浮制板轨道

浮制板轨道具有列车行进过程中噪声小的特点，在城市轨道交通修建过程中，为了减少噪声的影响，相继出现了浮制板等结构的无砟轨道形式。

无砟轨道具有诸多优点，但在建设过程中也应满足以下几点要求。

（1）稳定性好。列车作用下，轨道的形状和位置能较长时间保持设计要求。

（2）弹性适宜。一般要求无砟轨道与有砟轨道有相接近的轨道弹性，减少列车行进中的颠簸，以满足旅客舒适度要求及货物运输需求。适宜的弹性能在轨道与列车之间形成良好的缓冲带，延长列车和轨道的使用寿命。

（3）简单耐用。无砟轨道结构在适应铁路行车要求和耐久性条件下力求简单，轨道使用寿命与建设工程总体寿命相适应，同时便于检修和维护。

（4）小变形自行调节修复。无砟轨道的整体性较强，当轨道出现问题后修复难度大、维修周期长，就要求无砟轨道能对小变形自行调节修复。

（5）经济可行。一般情况下无砟轨道的造价比有砟轨道高，是阻碍无砟轨道大面积使用的一个重要原因。在今后的建设过程中，还需要不断引进新技术、改进施工工艺，降低无砟轨道的建设成本。

四、轨枕

轨枕的作用是将钢轨的重量及钢轨所受压力分散，起到稳定轨道、固定轨距的作用。

轨道与轨枕为相互垂直方向放置，便于钢轨荷载向路基扩散。初期铁路的轨枕是木枕，现代铁路是混凝土轨枕，如图 5 –5 所示。

图 5 –5　混凝土轨枕

五、防爬设备

列车在运行过程中，在轨道纵向力的作用下产生纵向移动，这种移动被称为轨道爬行。轨道爬行经常出现在单线铁路的重车方向、复线铁路的行车方向、长下坡道路段和进站前的制动距离内，线路爬行是线路破坏的常见形式。

为了阻止钢轨的移动，需要有固定钢轨的构件，即防爬设备（图 5 –6）。防爬设备是用来提高轨道纵向阻力、防止线路爬行的附属设备，由防爬器和防爬撑组成，作用是锁定线路、防止爬行、巩固和提高线路质量。

图 5 –6　防爬设备

六、联结零件

联结零件（图5－7）分为接头联结零件和中间联结零件两类。联结零件是用来联结钢轨与钢轨间接头的，包括双头夹板、螺栓、螺帽和弹性垫圈等。钢轨接头处必须保持一定的缝隙，叫作轨缝。轨缝主要是为了适应气温发生变化时钢轨的自由伸缩变形需求。

图5－7　联结零件

七、道岔

道岔（图5－8）是铁路线路中将列车由一条线路转向另一条线路的轨道连接设备，是用于引导列车转入另一条线路运行的转辙部分，由转辙器、辙叉、连接部分和岔枕组成。

图5－8　道岔

道岔需要具有良好的性能，确保列车能在规定的速度下安全、可靠地通过，并尽可能提高道岔的使用寿命。在我国铁路上使用最多的道岔形式是“普通单开道岔”，是较为简单的道岔形式，这种道岔的主线方向为直线，侧线由主线向左或右侧分支，分别称为左开道岔和右开道岔。

项目三　普通铁路的发展

铁路是国家的运输命脉，铁路运输的优点是运输能力大、安全可靠、速度较快、成本较低、对环境的污染较小，受气象及气候的影响小，且能源消耗远低于航空和公路运输，是现代化交通运输体系中的主要部分。

一、国外普通铁路的发展

世界铁路的发展已有近 200 年的历史，铁路建设工程发生了很大的改变，可分为出现阶段、发展阶段、成熟阶段和现代化阶段。

1825—1850 年为铁路出现阶段，制造业与钢铁冶炼工业已经达到一定水平，交通运输优势逐渐显现，自英国建成第一条铁路后，西方各国逐步开始兴建铁路。

1850—1900 年为铁路发展阶段，此阶段有 60 多个国家建成铁路并投入使用，美国和俄国的铁路已经达到了上千千米。铁路建造工艺和火车制造技术已经有了一定突破，克服地形变化的铁路隧道开始出现，作为动力输出的内燃机也研制成功。

1900—1950 年为铁路成熟阶段，此阶段铁路进一步普及，公路运输与铁路运输也展开了激烈竞争，飞机的出现又增添了航空运输，促使铁路提速、增加运输能力、改扩建铁路和相应设施，内燃机车和电力机车逐步替代蒸汽机，火车性能进一步提高。

1950 年以后为现代铁路阶段，为适应工业发展及游客出行需求，列车速度大幅提高，高速铁路诞生，速度从 120 km/h 提高到 450 km/h，之后又出现了轮轨相互脱离的磁悬浮铁路，为了便于煤炭或其他矿产货物输送开始出现重载铁路。

随着科学技术的进步，铁路工程克服不良地质及自然灾害、穿越峡谷河流的能力逐渐变强，铁路工程进入现代化阶段，并进一步发展。

二、国内普通铁路的发展

1875 年，英国擅自在上海铺设了吴淞铁路，次年清政府将其赎回拆除，这是中国出现的第一条营运铁路。

1881 年，清政府建造了唐胥铁路，这是第一条官办铁路，也是我国出资建设的第一条标准轨货运铁路。

1909 年，京张铁路建成，这是中国人自行设计和建造的第一条干线铁路，由中国杰出工程师詹天佑负责设计和修建，创造性地使用了“人”字形铁路设计，使火车能在山区陡坡行驶。

1912 年，中华民国临时大总统孙中山提出了 5 条贯通全国的主要铁路干线，铁路建设过程曲折发展。

1952 年，新中国建成成都到重庆的成渝铁路，成为新中国成立后修建的第一条铁路。

1958 年，建成宝成铁路，1975 年 7 月完成铁路电气化工程改造，成为全国第一条电气化铁路。

自1997年以来，中国铁路经历了六次大提速，中国铁路正在改变着人们的出行方式。从1881年修建第一条铁路到现在，中国铁路已经走过了140多年的历史。随着中国经济的快速发展，中国铁路的建设规模和技术水平不断提高，横贯东西、沟通南北、干支结合的具有相当规模的铁路运输网络已经形成并逐步趋于完善。以下列举几条具有代表性的普通铁路建设成果。

1. 大秦重载铁路

大秦重载铁路是中国第一条重载铁路大同至秦皇岛运煤专线，纵贯山西、河北、北京、天津，全长653 km，是中国西煤东运的主要通道之一。

大秦铁路是我国第一条双线电气化重载铁路，1992年底大秦铁路全线通车，2014年3万t重载组合列车试验成功，完成年运量4.5亿t，创历史最高纪录，这是我国铁路重载运输发展新的里程碑，中国也成了世界上仅有的几个掌握3万t铁路重载技术的国家之一，大秦铁路正不断刷新世界重载运输纪录，成为“最重铁路”。

2. 京九铁路

京九铁路是中国境内一条连接北京市至香港特别行政区的国铁Ⅰ级铁路，1996年全线开通运营，经过多次改造，截至2018年9月，京九铁路正线全长2315 km，局部路段提速至160 km/h。

京九铁路线路呈南北走向，串联中国华北、华中、华东和华南地区，是国家“八五”计划的第一号工程，是中国当时仅次于长江三峡水电站的第二大工程，也是中国国内投资最多、一次性建成的最长双线铁路。京九铁路的建设对完善我国铁路布局、增大南北货物运输能力、推动沿线经济发展、促进港澳地区稳定繁荣具有重要意义。

3. 青藏铁路

青藏铁路是一条连接青海省西宁市至西藏自治区拉萨市的国铁Ⅰ级铁路，一期工程（西宁至格尔木段）于1984年5月建成通车，二期工程（格尔木至拉萨段）于2006年7月全线通车，线路全长1956 km。

青藏铁路是中国新世纪四大工程之一，是世界上海拔最高、线路最长的高原铁路，铁路建设中克服了多年冻土、高寒缺氧和生态环境脆弱的三大困难。

青藏铁路的建成有利于促进沿线经济发展，巩固平等、团结、互助的民族关系，加强我国边疆稳定和国防安全，是巩固全面建成小康社会成果和实现“中国梦”的有力保障。

随着铁路工程施工技术不断升级、通信信号技术装备应用、信息化水平不断提升、电气化新技术运用、智能建造的发展，中国铁路建设实现了跨越式发展，取得了历史性成就，为推动实现中华民族伟大复兴的中国梦作出了突出贡献。

项目四　高速铁路的发展

一、国外高速铁路的发展

高速铁路是发达国家于20世纪60—70年代率先发展的一种运输工具，是铁路现代化的一个重要标志，高速铁路按照功能分为客运专用及客运、货运共用两类。

世界上第一条高速铁路为1964年10月建成的日本东海道新干线，当时的最高速度达210 km/h。1975年，日本又建成山阳新干线，速度为230 km/h。在后来的东北新干线和上越新干线建设中，铁路时速不断提高。

法国于1981年建成了它的第一条高速铁路（TCV东南线），列车速度高达270 km/h，后来又建成TGV大西洋线，速度达300 km/h。1990年5月，高速铁路试验的最高速度已达515 km/h，运营速度达到400 km/h。法国高速铁路建设过程中的技术和经济指标超过日本，居世界领先地位。

20世纪80年代后，世界各国对高速铁路高度关注，并开始大规模规划高速铁路网，法国、德国、意大利、西班牙、比利时、荷兰、瑞典和英国等引领了这次高速铁路建设。1994年，欧洲铁盟通过了泛欧高速铁路网的规划，该规划目标是新建高速铁路12500 km，满足列车250 km/h以上的通行速度需求，改造既有线路14000 km，连接欧洲所有的主要城市。

二、国内高速铁路的发展

2008年8月，我国第一条高速铁路京津城际铁路开通运营，全长120 km，设计速度350 km/h，是我国第一条设计速度大于300 km/h的高速铁路，中国铁路进入“高速时代”。

2010年10月，沪昆高铁的沪杭高速铁路段正式通车运营，至此我国投入运营的高速铁路营业里程已达到7431 km，居世界第一位。

2011年6月，京沪高速铁路全线正式通车，初期运营速度为300 km/h，截至2021年9月，运营速度提升至350 km/h，设计最高速度为380 km/h，全长1318 km。这是世界建成线路里程最长、标准最高的高速铁路，是“八纵八横”高速铁路网的重要组成部分。

截至2021年底，中国高速铁路里程约3.9万km，建设规模位居世界第一，整体建设水平位于世界领先地位。

我国现在高铁线路跨越多种特殊气候环境及复杂的地质条件，能满足多种特殊运输需求，全面覆盖我国50万人口以上城市，在世界高速铁路建设历史上创造了多项首次与世界第一。其中，北京—广州的高速铁路线路运行里程全球第一，哈尔滨—大连的高速铁路是目前穿越全球最寒区的高铁线路，海南环岛高铁线路是全球第一条环岛高速铁路，兰州—乌鲁木齐的高速铁路线路克服了湿陷性黄土、大风沙、季节性冻土等诸多复杂地质条件对高速铁路建设的限制。“四纵四横”高铁网已经建成，“八纵八横”高铁网正在加密成型。

项目五　磁悬浮铁路的发展

磁悬浮铁路是运用磁铁“同性相斥，异性相吸”性质，利用电磁系统产生的吸引力和排斥力将车辆托起，使整个列车悬浮在铁路上，用电磁力进行导向，并采用直流电机将电能转换为列车行进的动力。

磁悬浮列车行驶过程中导轨与机车之间没有实际接触，所以磁悬浮列车没有钢轨与车轮的摩擦，维修工作量小，零件更换少，列车行进过程中机械振动和噪声小，运行平稳，同时，摩擦力的消失也减少了列车的能源消耗。磁悬浮列车以电能为动力来源，没有污染物排放，是一种高效、节能、环保、健康的交通工具。

一、国外磁悬浮铁路的发展

1962 年，日本开始研究磁悬浮铁路技术，在试验线路上采用 ML100 型试验车实现了 60 km/h 的悬浮运行。1977 年利用宫崎试验线对倒 T 形导轨和跨座式 ML500 型试验车进行了无人驾驶试验，1979 年 12 月实现 517 km/h 的世界最高速度，但由于当时条件下常温超导材料没有出现，没能投入商业运营。2002 年，日本的 MLX01 型试验车实验过程中创造了 581 km/h 的磁悬浮列车世界纪录。2005 年 3 月，日本爱知的中低速磁悬浮东部丘陵线（Linimo）投入运营，全程 9. 2 km，最高速度为 100 km/h。

1968 年，德国开始研究磁悬浮列车，经过十年时间，先后研制出常导电磁铁吸引式和超导电磁铁相斥式试验车辆，试验时的最高速度达到 400 km/h。1983 年，在曼姆斯兰德建设了一条长 32 km 的试验线，TR06 型试验列车完成载人试验，行驶速度达 412 km/h。至此，德国在常导磁悬浮铁路技术方面的研究趋向成熟。

1973 年，英国开始对磁悬浮铁路技术进行研究，相比于日本和德国起步较晚，但英国却是最早将磁悬浮铁路投入商业运营的国家，600 m 长从伯明翰机场到英特纳雄纳尔火车站的磁悬浮铁路正式通车营业，1995 年，这趟磁悬浮列车被机场班车所取代。

仁川机场磁悬浮线是韩国仁川广域市的一条磁悬浮铁路，于 2016 年 6 月竣工，全程 6. 1 km。

二、国内磁悬浮铁路的发展

我国对于磁悬浮列车的研究始于 1986 年，西南交通大学召开了磁悬浮技术与磁悬浮列车技术研究大会。在 1994 年 10 月成功研制出我国第一辆可载人的 4 t 磁悬浮列车及其试验线，并实现了系统的稳定悬浮与运行，这是我国在磁悬浮列车领域的首次突破，标志着我国开始拥有自主知识产权的磁悬浮列车技术。

上海磁悬浮列车是世界第一条磁悬浮列车示范运营线，由中德两国合作开发，线路从浦东龙阳路站到浦东国际机场，专线全长 29. 9 km，设计最大速度为 430 km/h，单向运行时间为 8 min。上海磁悬浮快速列车工程既是一条连接浦东国际机场与市区的高速交通线，又是一条旅游观光线，它的建成大幅缩短了浦东国际机场与上海市区的通行时间。

2016 年 5 月开通运营的长沙磁悬浮交通线是中国首条自主设计、自主制造、自主施工、自主管理的拥有完全自主知识产权的中低速磁悬浮铁路，是世界上第二个拥有这种先进轨道交通运营技术的国家。截至 2021 年 7 月，长沙磁悬浮快线线路全长 18. 6 km，设计运行速度为 140 km/h。

2017 年 12 月开通的北京地铁 S1 线又称北京磁悬浮线，全长 10. 2 km，设计运行速度为 120 km/h。

2019 年 5 月 23 日，时速 600 km 高速磁悬浮试验样车在青岛下线。2021 年 7 月 20 日，我国具有完全自主知识产权的时速 600 km 高速磁悬浮交通系统在青岛成功下线，这是世界首套设计时速达 600 km 的高速磁悬浮交通系统，标志我国掌握了高速磁悬浮成套技术和工程化能力。

清远磁悬浮旅游专线线路全长38.5 km，分两期建设，初期线路长8.1 km，设计速度目标值为100 km/h，于2017年12月开工建设，2020年12月，清远磁悬浮首列正式下线，预估总投资额为104.34亿元。清远磁悬浮旅游专线列车采用3辆编组，并可实现“3+3”编组混跑，每节车的最大悬浮重量达到40 t，列车最大载客量可达500人。

湖南凤凰磁悬浮文化旅游项目规划线路共分三期实施，一期工程于2019年8月开工建设，线路全长9.12 km，投资11亿元，设计运行速度为100 km/h，全程运营时间大约30 min。2021年9月14日，由中车株机公司研制的凤凰磁悬浮文化旅游项目首列磁悬浮列车到达湘西凤凰。

我国低速磁悬浮技术已经较为成熟，而高速磁悬浮线路目前由于建设成本较高、技术问题尚处于研究阶段，还需要借鉴技术成熟国家的经验，不断完善我国的磁悬浮技术，加大对重点难题的研究力度，使高速磁悬浮铁路向技术实用化、低成本方向发展。

中国铁路从“四纵四横”到“八纵八横”，铁路建设规模持续扩大，一系列的成绩证明，中国铁路促进了人口、商品、资本、信息的流通，加速了财富增长，推动了地区交流，促进了世界和平与发展，走出了推动构建人类命运共同体的康庄大道。中国铁路必将以全新速度驶向未来加速发展，助力中华民族谱写新华章，造福全世界。

巩固与提升

1. 简述铁路的主要构成及各部分的作用。
2. 简述发展高速铁路的意义。
3. 简述磁悬浮铁路发展中存在的困难。
4. 查阅铁路建设相关资料，选取你认为最好的铁路建设故事与同学分享。

拓展阅读

詹天佑

詹天佑生于1861年4月26日，祖籍江西上饶市婺源县，字达朝，号眷诚，1919年4月24日因腹疾严重，心力衰竭逝世，终年58岁。

詹天佑是中国近代铁路工程专家，被誉为中国首位铁路总工程师，有“中国铁路之父”“中国近代工程之父”之称。

詹天佑12岁留学美国，1878年考入耶鲁大学土木工程系，主修铁路工程，1881年毕业后回国，1884年起先后在福州船政局后学堂、广东博学馆任教。

1905—1909年，为发展商业，清政府决定修筑京张铁路。为争夺修路权，英、俄两国相持不下，清政府决定自力修筑，但缺乏信心。外国人纷纷议论，认为中国无力完成此路修筑工程。詹天佑则说：“我国地大物博，而于一路之工，必须借重外人，引以为耻!”他面对着外国人的讥讽，以大无畏气概，率领全体筑路人员，知难而进，齐心为国争光。他设计和主持修建了我国第一条工程艰巨的京张铁路，比原定计划提前两年通车，创设的“竖井开凿法”和“人”字形线路，震惊中外。

詹天佑一生忠于职守，热爱祖国，反对清政府对外出卖路权，反对外国侵略者歧视中国工程师，热情支持保路运动。他既积极引进国外科学技术，又坚信我国人民的创造力，他号召我国工程师“各出所学，各尽所知，使国家不受外侮，以自立于地球之上”，著有《铁路名词表》《京张铁路工程纪略》等。

1919 年 1 月，他作为我国政府代表参加国际联合监管远东铁路会议，在会上竭力维护我国主权，挫败了美、日企图攫取中东路北段的阴谋。由于劳累过度，腹疾复发，于 1919 年 4 月逝世。

詹天佑为我国铁路事业呕心沥血，贡献了一生。周恩来总理赞誉他是“中国人的光荣”。现在，京张铁路青龙桥车站重修了詹天佑塑像和詹天佑坟墓，在八达岭上古长城边修建有詹天佑纪念馆。

模块六　桥　梁　工　程

思政目标：近年桥梁建设取得了举世瞩目的成就，借助以港珠澳大桥为代表的超级工程引导学生树立爱岗敬业、勤奋求实精神，坚定理想信念，并深刻体会工匠精神。

知识目标：了解我国桥梁发展史，了解桥梁设计的步骤，准确说出桥梁各部分名称，掌握各类桥梁的适用范围及优缺点。

能力目标：能够准确认识各类桥梁，能够对桥梁进行分类，能够根据工程实际初步选定桥梁形式。

素质目标：培养学生民族自豪感，感悟我国革命先辈艰苦奋斗的奉献精神，培育学生职业使命感。

项目一　桥　梁　的　分　类

一、按受力形式分类

桥梁按构件的受力形式可分为梁式桥、拱式桥、刚架桥、斜拉桥和悬索桥五大类。

1. 梁式桥

梁式桥是古老的桥梁结构体系，主要是以抗弯构件形式承受荷载，其特点是竖向荷载作用下无水平推力，结构刚度大、经济性好。梁式桥分为简支梁桥、悬臂梁桥、固定端梁桥和连续梁桥几类，简支梁桥和连续梁桥是应用最为广泛的梁式体系桥梁。

简支梁桥合理最大跨径约 20 m，悬臂梁桥与连续梁桥适宜的最大跨径约 60 ~ 70 m。这三种梁式桥的优点是钢筋混凝土造桥材料能就地取材、施工方便、耐久性好、适应性强、整体性好且美观，设计理论及施工技术上都发展得比较成熟；缺点是结构自重大，限制了桥梁的跨越能力。

2. 拱式桥

拱式桥的主要承重结构是拱肋，以受压为主，一般选用抗压性能强的材料修建，例如石块、混凝土。拱是一种有横向推力的结构体系，能将上部竖向荷载通过拱结构的作用转换成水平推力，因此对地基要求较高，一般常建造于能够提供良好水平推力的区域，拱桥常用的跨度范围在 50 ~ 150 m。根据桥面与拱圈的位置关系，拱式桥分为上承式桥、中承式桥和下承式桥三种。

拱桥的造型优美、建造材料价格低廉，但对地基基础的要求较高、施工较复杂，因此在小型桥梁中应用广泛。随着科学技术的发展与施工工艺的提升，拱桥建造中出现了无支架缆索吊装、转体施工、悬臂拼装施工和劲性骨架等施工方法，使拱桥得到了较大的发展。

3. 刚架桥

刚架桥是桥跨与墩台整体相连的桥梁。支柱和主梁刚性连接，协同受力，主梁端部会产生负弯矩，削减跨中正弯矩，支柱端部的支座既提供竖向支持力，又承受弯矩，这使得刚架桥对节点处力学性能要求极为严苛。

刚架桥外形尺寸小，桥下净空大，桥下视野开阔，混凝土用量少，但基础造价较高，钢筋用量较大，桥梁结构内部会产生次内力，因此适用于中小跨度桥梁，如立交桥、高架桥等。

4. 斜拉桥

斜拉桥的主要承重构件是梁、索、塔，利用索塔上伸出的若干斜拉索在梁跨中增加了弹性支承，减小了梁内弯矩，进而增大了桥梁跨径。

斜拉桥的传力路径与一般桥梁不同，外荷载从梁传递到索，再由索传递到塔，最后由桥塔传递给基础。斜拉桥适用于中等及大跨径桥梁，其优点是主梁尺寸较小、跨越能力大，受桥下净空和桥面标高的限制小，抗风稳定性优于悬索桥，且不需要集中锚锭构造，便于无支架施工；缺点是索塔的连接构造比较复杂、施工中高空作业较多，建造过程中技术难度高。

5. 悬索桥

悬索桥又称吊桥，主要由索缆、桥塔、锚碇、系杆和加劲梁等组成。主索缆、桥塔为其主要承重构件，其传力路径为外荷载从梁经过系杆传递到主缆，再由主索缆将荷载传递到桥塔及两端的锚锭，最后传递给基础。

悬索桥具有结构自重较轻，跨越能力强的优点，适用于大跨径桥梁，常用于建造跨越大江大河或跨海的特大桥。悬索桥的缺点是整体刚度小，抗风稳定性差，两端的锚定大、需嵌固在可靠的岩层中，施工技术难度大，费用高。

由于工程条件限制，桥梁建设工程中常常会综合考虑，经常出现组合结构，其中最常见的就是悬索—斜拉桥。这种组合结构桥体能结合悬索桥、斜拉桥的优点，减少斜拉桥端头的锚定，充分利用桥塔，将荷载传递给地基，同时减少桥梁在风荷载作用下的晃动，提高桥梁稳定性。

二、按形式分类

1. 按总长和跨径分类

《公路桥涵设计通用规范》（JTG D60—2015）规定，桥梁按其多孔跨径总长或单孔跨径的长度，可分为特大桥、大桥、中桥、小桥和涵洞五类，见表 6－1。

表 6－1　桥梁按总长或跨径分类

桥梁分类	多孔跨径总长 L/m	单孔跨径 L_K/m
特大桥	$L>1000$	$L_K>150$
大桥	$1000\geqslant L\geqslant 100$	$150\geqslant L_K\geqslant 40$
中桥	$100>L>30$	$40>L_K\geqslant 20$
小桥	$30\geqslant L\geqslant 8$	$20>L_K\geqslant 5$
涵洞	—	$L_K<5$

2. 按承重结构的材料分类

桥梁按主要承重结构所用的材料来划分，可分为木桥、钢桥、石桥、钢筋混凝土桥和预应力钢筋混凝土桥。

（1）木桥。木桥是指用木料建造的桥梁。木桥的优点是可就地取材，构造简单，制造方便；缺点是容易腐朽、养护费用大、消耗木材且易引起火灾，多用于临时性桥梁或林区桥梁。

（2）钢桥。钢桥是指桥跨结构用钢材建造的桥梁。钢桥的优点是钢材强度高，跨越能力大，运输和安装方便，架设工期较短，破坏后易修复和更换；缺点是钢材易锈蚀，养护困难，工程造价相对较高。

（3）石桥。石桥是指采用石材建造的桥梁，这种桥一般常做成以抗压为主的拱式结构桥梁。石桥的优点是可就地取材、成本低、建造简单；缺点是桥梁跨度小、在动荷载下不稳定。

（4）钢筋混凝土桥。钢筋混凝土桥是指桥跨结构采用钢筋混凝土建造的桥梁。钢筋混凝土桥的优点是可以就地取材、维修简便、行车噪声小、使用寿命长，可采用工业化和机械化方法施工，与钢桥相比钢材用量与养护费用均较少，造价相对较低；缺点是自重大，桥梁跨度受限制。

（5）预应力钢筋混凝土桥。预应力钢筋混凝土桥是一种在混凝土构件受荷前，通过先张法或后张法等工艺对钢筋施加预拉应力，使混凝土获得预压应力的桥梁结构。利用这种预压应力来抵消或减小外荷载作用下混凝土产生的拉应力，提高桥梁的抗裂性、刚度和耐久性等性能。预应力钢筋混凝土桥的优点是能充分利用材料的性能，节约钢材，减轻结构自重，增大桥梁的跨越能力，能改善结构受拉区的工作状态，提高结构的抗裂性，提高结构的刚度和耐久性；缺点是施工工艺较复杂、质量要求较高、需要特定的施工设备。预应力技术及设备的日趋完善和工厂化生产模式的普及，使得预应力钢筋混凝土桥广泛建设。

3. 按用途分类

桥梁按用途可分为公路桥、铁路桥、公铁两用桥、农用桥、人行桥、水运桥和管线桥等。

4. 按跨越障碍物分类

桥梁按跨越障碍物可分为跨河桥、跨线桥（立交桥）、高架桥和栈桥等。

5. 按行车道的位置分类

桥梁按上部结构的行车道位置分为上承式桥、中承式桥和下承式桥。桥面布置在主要承重结构上部的称上承式桥，桥面布置在主要承重结构下部的称下承式桥，桥面布置在主要承重结构中间部位的称中承式桥。

6. 按桥跨结构平面位置分类

桥梁按桥跨结构的平面布置可分为正立桥、斜交桥和曲线桥等。

项目二　桥 梁 的 组 成

桥梁主要由主体结构和附属构件两大部分组成。对于桥梁的学习不仅要知道桥梁的组成，还需要知道桥梁设计、施工中的专有名词，以更好地适应今后土木工程的学习。

一、桥梁中的名词

1. 净跨径

净跨径是指设计洪水位上相邻两个桥墩（或桥台）之间的水平净距。对于拱式桥的净跨径是指每孔拱跨两个拱脚截面最低点之间的水平距离。

2. 总跨径

总跨径是指多孔桥梁中，各孔净跨径的总和，也称桥梁孔径，它反映了桥下宣泄洪水的能力。

3. 计算跨径

计算跨径对于具有支座的桥梁是指桥跨结构相邻两个支座中心之间的距离。拱式桥的计算跨径是指两相邻拱脚截面形心之间的水平距离。

4. 桥梁全长

桥梁全长简称桥长，是指桥梁两端、两个桥台或八字墙尾端之间的距离。

5. 桥梁高度

桥梁高度简称桥高，是指桥面与低水位之间的高差或桥面与桥下线路路面之间的距离，桥高在某种程度上反映了桥梁施工的难易性。

6. 桥下净空

桥下净空是指设计洪水位或计算通航水位至桥跨结构最下缘之间的距离。它应能保证完全排洪，并不得小于该河流通航所规定的净空高度。

二、桥梁的主体结构

桥梁的主体结构为桥跨结构、支座、桥墩、桥台和墩台基础五部分，这些构件在桥梁设计过程中需要进行力学分析和计算，以保证桥梁整体稳定与安全，如图6－1所示。

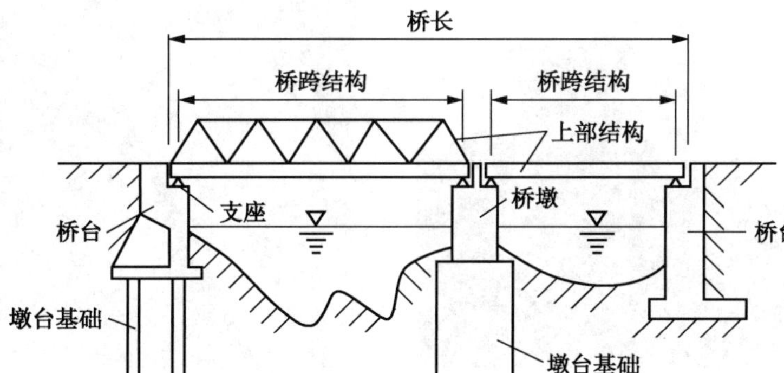

图6－1　桥梁的主体结构

1. 桥跨结构

桥跨结构（图6－2）是指桥梁的承重构件。桥跨结构主要包括桥面板、加劲肋、横梁、纵梁、拉索、悬索等。

2. 支座

支座（图 6－3）是指支撑上部结构并把荷载传递给桥梁墩台上的构件，需要具备承受上部结构在荷载、温度变化或其他因素作用下的变形功能。

图 6－2　桥跨结构

图 6－3　支座

3. 桥墩

桥墩（图 6－4）是指支撑桥跨结构并将上部荷载传递到基础的构件，位于整个桥梁的中间部位，设在桥台之间。

4. 桥台

桥台（图 6－5）是指设在桥梁两端与路堤衔接处，用来抵抗路堤土压力、防止路堤土滑坡与塌落的承重构件。

图 6－4　桥墩

图 6－5　桥台

5. 墩台基础

墩台基础（图 6－6）是指与桥墩相连将桥上全部荷载传到地基底部的构件，是整个桥梁工程施工中难度比较大的部分，常常需要在水下施工，因而遇到的问题也很复杂。

图6－6 墩台基础

三、桥梁的附属部分

桥梁的附属部分一般有桥面铺装、排水系统、灯光照明、栏杆扶手及伸缩缝等。

1. 桥面铺装

桥面铺装（图6－7）主要使桥面平整、耐磨、不翘曲、不渗水，是保证行车安全、舒适的关键。

2. 排水系统

排水系统（图6－8）能迅速排除桥面上积水，将渗水的可能性降至最小限度。在城市桥梁建设中，排水系统应该保证桥下无滴水和结构上无漏水现象。

图6－7 桥面铺装

图6－8 排水系统

3. 灯光照明

灯光照明（图6－9）能在夜晚反映出桥梁的轮廓和造型，是凸显桥梁艺术的关键附属构件。变幻的灯光不仅给桥梁上行驶的车辆和路人提供照明，同时还为城市增添了色彩。

4. 栏杆扶手

栏杆扶手（图6－10）既是保证桥梁行人安全的构造措施，也是点缀桥梁的装饰构件，在桥梁组成中不可或缺。

图6－9　灯光照明

图6－10　栏杆扶手

5. 伸缩缝

伸缩缝（图6－11）是桥跨上部结构之间或桥跨上部结构与桥台端墙之间设置的缝隙，是保证结构在外荷载、温度作用下有足够的变形空间而人为设置的缝，主要作用是协调变形。桥梁伸缩缝需具备良好的变形适应能力，耐久性强，能承受车辆荷载冲击，安装简便且便于后期维护与更换。

图6－11　伸缩缝

项目三　桥梁设计概述

一、桥梁的设计原则

建设工程中桥梁设计应遵循以下几个原则。

1. 适用

桥面上应保证车辆和人群的安全畅通，并应满足将来交通量增长的需要，桥下应满足泄洪、安全通航或通车等要求。建成的桥梁要保证使用年限，并便于检查和维修。

2. 安全

桥梁整个桥跨结构及各部分构件在制造、运输、安装和使用过程中应具有足够的强度、刚度、稳定性和耐久性，进而保证桥梁结构安全，在桥梁设计中需具有足够的安全系数，充分考虑各种不利因素带来的影响。

3. 舒适

现代桥梁设计需要严控竖向、横向振幅、确保行车平稳，减少颠簸；同时兼顾行人体验，打造安全舒适的通行环境。

4. 造价

造价是桥梁建设工程考虑的重要因素，是桥梁建设顺利实施的基本保障。桥梁在满足安全的条件下，需要重点考虑的是工程造价，经济性应综合发展远景及将来的养护和维修等费用评判。

5. 美观

桥梁应具有优美的外形，与周边环境相协调，或突显当地文化，或赋予一定含义，让桥梁变得有生命、有活力、有魅力。桥梁合理的结构布局和轮廓是美观的主要影响因素，注意不要把美观片面地理解为豪华的装饰。

二、桥梁的规划设计

桥梁的规划设计要服从线路总体规划原则，对于特大桥梁工程，可以在线路走向的局部地区进行桥梁规划设计。城市公路桥梁规划是城市交通工程建设规划中的一个重要组成部分，应根据桥梁主要的交通性质、交通流量和增长率以及投资的经济效益进行规划设计。

1. 野外勘测与调查

1）明确桥梁的具体要求

对于铁路桥梁，一般在线路设计中已确定建桥位置。对于公路或城市桥梁，则要调查桥上的交通类型和行车要求，如车辆的等级、实际交通量、增长率、车道数目、行车道宽度以及人行道等要求。

2）选择桥梁位置

桥梁位置在线路勘测过程中确定，对于中小桥梁，其平面位置由线路条件确定，在选线过程中注意使沿线排洪顺畅，桥中线与洪水流向应尽量正交。对于大桥或特大桥，往往选择几个可能的桥位，对每一个可能的桥位进行相应的调查、勘测工作，调查搜集洪水资料及地形、地质资料，并进行必要的测绘工作，再结合线路选线作比较方案，经分析、比较后研究确定。

3）桥位详细勘测和调查

桥位确定后要进一步搜集资料，为确定桥梁形式提供可靠依据。这时的勘测调查工作包括大比例地形图的测绘、工程地质调查、水文地质调查，地质调查中钻孔布置宜选在拟定的墩台位置处。河流水文勘测包括以下步骤：调查河道性质、测量桥位处河床断面、调查与测量洪水位及历年洪水资料、向航运部门了解和确定设计通航水位、通航净空等。

另外，还需调查建桥材料来源、材料物价、劳动力水平、水质、场地运输条件、场区周边概况等。

2. 桥梁纵断面设计

桥梁纵断面设计包括桥梁孔径确定、桥梁分孔确定、桥下净空确定、桥面标高确定、纵坡布置确定等。

1）桥梁孔径确定

跨河桥梁孔径根据水文计算确定。桥梁墩台和桥头路堤应避免压缩河床引起的桥下过水断面减少、流速增大、桥上游壅水等问题，跨径过大会使桥梁内力升高、变形增大，影响桥梁安全，因此跨径设计需要综合考虑，设计过程中满足规范对于孔径及冲刷的规定。两岸引桥还应考虑经济的路堤高度，如果两岸取土困难，则可以适当延长桥孔，通过纵坡降低路堤高度，在软土地区的路堤高度应满足稳定性要求。

2）桥梁分孔确定

在桥梁建设中，桥墩之间需要有一定的间距，为了充分利用这个间距，可使用桥梁分孔来避免设计出过大或过小的孔洞，从而保证桥梁的安全性、可靠性、经济性和美观性。

在实际工程中，桥梁分孔需要根据桥梁本身的布置及交通要求等因素确定，选择安装便捷、妥善的分孔方案，同时考虑工程造价，不能只追求美观而不顾经济。

3）桥下净空确定

在不通航河流上，桥下净空依据计算水位或最高流冰水位加安全高度确立；在通航河流上，桥下净空应依据设计最高通航水位加通航净空高度确立。

4）桥面标高确定

桥面标高的确定主要考虑路线纵断面设计要求、排洪要求和通航要求三个因素。此外，桥面标高的确定还受到水文状况、桥下交通要求、桥型及跨径的影响。例如，低水位和高水位是确定桥梁基础顶面标高的重要依据，而设计最高通航水位则是保证桥面设计高程不低于船舶通行要求的考虑因素之一。

5）纵坡布置确定

桥梁纵坡根据线路要求和桥头两端的地形设计。对于铁路桥梁，如桥跨结构为钢桁梁等明桥面梁，纵坡坡度不得大于4‰，且不得在梁上设双向坡，其他桥跨结构纵坡坡度宜在6‰以内；对于公路桥，纵坡坡度不大于4‰，桥头引道纵坡坡度不宜大于5‰；对于位于城镇交通繁忙的桥梁，桥上纵坡和桥头引道坡度均不得大于3‰，桥上或引道处纵坡发生变更的地方，应按规定设置竖曲线。

3. 桥梁横断面设计

对于大跨度桥梁，桥梁断面宽度要满足横向刚度要求，一般要求梁宽大于梁跨的二十分之一，否则应进行横向刚度计算分析，进而确定桥梁断面宽度。对于公路桥梁，桥面一般较宽，其横向刚度一般较大，但也需要按规范要求进行设计。

4. 桥梁平面布置

桥梁平面布置的确定涉及多个因素，包括地质地形特征、河道水流特征、桥下通航情况、主梁的跨越能力等，这些因素直接影响桥墩、桥台及基础的位置和规模以及桥梁的总长、桥面高程、纵坡等。桥梁平面布置的确定是一个综合考虑多种因素的过程，旨在确保桥梁的安全、经济、美观和使用功能，每个设计决策都基于对地质、水文、通航需求等条件的深入分析和评估。

项目四　桥 梁 的 发 展

桥梁的发展历程是人类文明进步的重要标志，反映了不同历史时期的技术水平、社会需求和文化特色。

一、国外桥梁的发展

1. 国外桥梁的过去

早期国外桥梁多采用天然材料搭建桥梁。古埃及在公元前 1800 年建造跨越尼罗河的木桥，利用木材的韧性与可加工性，解决了简单的跨河通行需求。罗马帝国时期，桥梁建设取得显著进步，石拱桥成为主流。罗马人运用精湛的石工技艺，以石块相互契合搭建拱结构桥梁，拱结构桥梁展现出坚固耐用的特性，其坚实的结构历经千年风雨仍屹立不倒。

钢铁和混凝土等新型材料的出现为桥梁建造带来了质的飞跃。1846—1850 年，英国建成世界首座铁桥，开启了钢铁桥梁的新纪元。钢材的高强度与良好韧性，使桥梁能够跨越更宽阔的水域，拓展了交通线路的布局范围。随后，混凝土材料凭借成本低、可塑性强等优势，在桥梁建设中广泛应用。1883 年竣工的美国布鲁克林大桥，首次大规模采用钢材建造，作为当时世界最长的悬索桥，其复杂的悬索结构设计与施工工艺，标志着桥梁工程迈向新高度，展现出工业时代强大的技术实力与创新精神。

2. 国外桥梁的现状

现在国外桥梁建设呈现出多元化、高科技的发展态势。新型材料与智能技术深度融入桥梁建设，高强度合金钢、碳纤维复合材料等新型材料进一步提升桥梁的承载能力与耐久性，智能监测系统借助传感器、物联网等技术实时监控桥梁结构健康状况，及时发现潜在安全隐患，保障桥梁运营安全。

国外桥梁从过去简单质朴的木桥、石拱桥，发展到如今融合先进材料、复杂结构与智能技术的现代化桥梁，极大地改善了交通条件，促进了区域间的经济文化交流。

二、国内桥梁的发展

1. 国内桥梁的过去

我国是文明古国，在桥梁建设史上也留下了许多光辉灿烂的篇章。我国古代桥梁不但数量惊人，而且类型也丰富多彩，几乎包含了近代桥梁建筑中的主要形式。

我国早在三千年前就有了木梁桥和浮桥，随后又有了石梁桥。悬索桥最早也出现在中国。我国古代四大名桥是古代桥梁的杰出代表，闻名于世，分别是河北赵县安济桥、福建泉州洛阳桥、广东潮州广济桥和北京卢沟桥。

安济桥又称赵州桥，于公元591—599年由石匠李春主持建造，净跨37.02 m，拱矢高7.23 m，拱桥全宽9.6 m，桥面净宽9 m。它是世界上第一座敞肩式石拱桥，而欧洲19世纪中叶才出现敞肩拱桥。

洛阳桥又称万安桥，建于公元1053—1059年，原桥全长834 m，共47孔。洛阳桥桥基与桥面的建设使用了“筏板基础”“浮梁架运”等当时中国最先进的造桥技术，是中国桥梁史上的创新。

广济桥又称湘子桥，初建于宋代，全长518 m，距今已有800余年的历史。广济桥的结构奇特别致，集梁桥、拱桥、浮桥等形式于一体，凝结了中国古代劳动人民的智慧，是桥梁建造中的结晶，是世界第一座启闭式桥梁。

卢沟桥始建于1189年，全长266.5 m，桥两侧的雁翅桥面呈喇叭口状，入口处宽32 m，桥身总宽9.3 m（含仰天和栏杆），桥面宽7.5 m，桥面略呈弧形，两端较低，中间隆起，是北京市现存最古老的石造联拱桥。

封建制度的长期统治束缚了生产力的发展，1840年鸦片战争后我国各方面都得不到有效发展，中国的造桥水平迟滞不前。

2. 国内桥梁的现状

1934—1937年由茅以升主持修建的浙赣线钱塘江大桥，是新中国成立前由我国技术人员自行设计、建造的第一座双层铁路、公路两用桥，全长1400 m。1937年12月23日，为阻断侵华日军南下路线而被炸毁，1948年5月成功修复，使用至今。

新中国成立后，随着国民经济的发展，我国的桥梁事业迅猛发展，桥梁设计、施工等方面的技术和工艺逐渐提高。桥梁建设大致可分为三个时期：1949—1954年为第一个时期，主要以修复、加固旧桥为主，兼顾修建小型桥梁；1954—1978年为第二时期，在新建的铁路、公路网线和渡口过程中修建了许多桥梁，在这一时期国内钢铁供应不足，主要修建的是中、小跨度拱桥和钢筋混凝土简支梁桥，部分铁路大跨桥梁及公路大型桥梁采用钢结构桥梁；1978年至今为第三个时期，桥梁计算理论进一步完善，计算工具也引入了专业软件，建桥材料、机具设备和施工技术进一步发展，大跨度预应力连续梁桥、拱桥、斜拉桥、悬索桥等新结构在诸多桥梁工程中运用，桥梁的跨度进一步加大，我国的造桥水平达到世界一流水平。

我国既保留着像赵州桥那样历史悠久的古代桥梁，又在不断地建造着刷新世界纪录的新桥，高速公路桥梁和高速铁路桥梁建设尤其引人注目。目前我国公路桥梁总数接近80万座，铁路桥梁总数已超过20万座，已成为世界第一桥梁大国。以下介绍部分我国的世界之最桥梁。

1）南京大胜关长江大桥

南京大胜关长江大桥简称大胜关大桥，是世界第一座弧线形钢塔斜拉桥，也是中国的第一座钢塔斜拉桥，大桥于2002年12月24日奠基，2005年10月7日正式通车。

南京大胜关长江大桥全长约14.89 km，其中跨江大桥长4.74 km，主桥主跨648 m，索塔高215 m，桥面为双向六车道高速公路，设计速度100 km/h，项目总投资30.9亿元。

2）西堠门大桥

西堠门大桥于2007年建成，建成时是世界上跨度最大的钢箱梁悬索桥，主桥为两跨连续钢箱梁悬索结构，主跨1650 m，设计通航等级3万t，通航净高49.5 m，设计使用年限100年。

西堠门大桥创下的“第一”不胜枚举：世界抗风稳定性要求最高的桥梁之一，世界最大跨径钢箱梁悬索桥，世界第一座分体式钢箱梁悬索桥，中国最长主缆、首创主缆索股水平成圈放索工艺，中国长度最长、直径最大、强度最高的钢丝绳吊索，国内悬索桥第一高塔等。西堠门大桥新型分体式钢箱梁关键技术研究成果达到国际领先水平，大桥主缆长度和材料强度两项技术指标均为国内第一，并首次实现大跨径悬索桥主缆钢丝的国产化。

3）朝天门长江大桥

朝天门长江大桥建成时是世界跨径最大的钢拱桥，西连江北区五里店，东接南岸区弹子石，2009年4月29日正式通车。朝天门长江大桥线路全长1741 m，主跨长552 m，桥面上层为双向六车道主干道Ⅰ级公路，设计速度60 km/h，桥面下层为两条双向轨道交通，两边为预留汽车道，是公路及城市轨道交通两用桥。

考虑通航孔双向通航条件，朝天门长江大桥采用三跨连续钢桁系杆拱桥，中间主跨通航，两侧边跨不通航；主梁采用两片主桁梁，两侧边跨为变高度桁梁，中跨为钢桁系杆拱。截至2018年12月，大桥创造了两项世界第一：第一项是主跨552 m，是世界已建成的跨度最大的拱桥；第二项是主桥中支点支座采用了145000 kN的球形抗震支座，是已建成世界同类桥型承载力最大的球形支座。

4）丹昆特大桥

丹昆特大桥建成时是世界最长高铁桥，位于京沪高铁江苏段，起自丹阳，途经常州、无锡、苏州，终到昆山。全长164.851 km，开车通过需要2 h，总投资300亿元。丹昆特大桥2008年4月7日开始灌注首根桩，2011年6月30日全线正式开通运营。

出于地质原因和节省土地的考虑，丹昆特大桥全部采用高架桥梁形式，跨越各类型等级道路180余条、水面宽度在20 m以上河道150余条，纵贯苏南平原河网化地貌。

5）干海子特大桥

干海子特大桥是世界最长的全钢管混凝土桁架公路桥，位于雅（安）泸（沽）高速公路四川雅安石棉县境内，2009年6月起开始施工，2012年4月通车，全长1811 m，桥宽24.5 m，共36跨，最高桥墩高达107 m，大桥呈“S”状，桥面最大纵坡坡度4%。

干海子特大桥实现了第一座最长全钢管混凝土桁架梁桥，第一座最高的钢管混凝土格构桥墩、组合桥墩、混合桥墩，同类结构中每联最长的连续结构，第一次全面采用钢纤维钢管混凝土施工等四项世界第一。干海子特大桥的主体结构全部采用了钢纤维混凝土，这在世界桥梁建设史上也属首例，创造了多项世界纪录，对今后山区高架桥应用具有示范作用。

6）嘉绍大桥

嘉绍大桥是世界上最长最宽的多塔斜拉桥，2008年12月开始建设，2013年7月完工通车，主航道桥采用技术含量最高的6塔独柱斜拉桥方案，这使主桥长度达2680 m，分出5个主通航孔，索塔数量、主桥长度规模位居世界第一。大桥采用双向八车道高速公路标准，主桥总宽度达55.6 m（含布索区），行车设计时速100 km/h，设计使用年限100年，总投资约118亿元。

嘉绍大桥是人类第一次在世界三大强涌潮河口之一的钱塘江入海口建设的一座世界级桥梁，创造性地在主航道桥跨中设置释放主梁纵向线位移的刚性铰装置是世界首次在强涌潮河段采用船舶运输安装大体积钢箱梁的桥梁。嘉绍大桥地处强涌潮区域，构件预制、安装精度要求高，施工难度极大，取得多项科研成果及荣誉表彰。

7）北盘江大桥

北盘江大桥是世界第一高桥，位于泥猪河之上，为杭瑞高速公路的组成部分。北盘江大桥 2013 年动工建设，2016 年 12 月竣工运营，全长 1341.4 m，桥面至江面垂直距离 565.4 m，桥塔顶部至江面垂直距离为 740 m，刷新了世界第一高桥纪录，采用双向四车道高速公路标准，设计速度 80 km/h，工程项目总投资 10.28 亿元。

北盘江大桥的主桥采用双塔双索面钢桁梁斜拉桥形式，主梁采用钢桁架和正交异形钢桥面板结合的钢桁梁结构体系，主桁架采用普拉特式结构，全桥共设 112 对斜拉索。大桥的建成改善了云、贵、川、渝等地与外界的交通状况，提高了区域路网服务水平，促进了地方社会经济发展，为“一带一路”添上了浓墨重彩的一笔。

8）港珠澳大桥

港珠澳大桥是世界最长的跨海大桥，是一座连接香港、广东珠海和澳门的桥隧工程，2009 年开工建设，2018 年 10 月 24 日港珠澳大桥公路及各口岸正式通车运营。大桥全长 55 km，集桥、岛、隧于一体，海底隧道长约 6.7 km，是全球最长的公路沉管隧道和全球唯一的深埋沉管隧道，能抵抗 16 级台风，设计使用寿命 120 年。

从珠澳口岸往东，在港珠澳大桥上有三座具有代表性的桥梁。第一座桥是青州航道桥，是一座双塔双索面钢箱梁斜拉桥，桥跨 1150 m，为半漂浮体系，是全线单体最大桥梁，桥上两个桥塔名为“中国结”，寓意“三地同心”。第二座桥是江海直达船航道桥，是一座中央单索面三塔钢箱梁斜拉桥，斜拉索采用空间扇形布置、钢混组合结构塔身，桥上三座“海豚塔”，寓意“人与自然和谐发展”。第三座是九州航道桥，是一座双塔单索面钢混组合梁与跨连续斜拉桥，名为“风帆塔”，寓意“扬帆远航”。港珠澳大桥浅水区非通航孔连续梁式桥，每跨 85 m，采用单墩双幅梁；深水区非通航孔连续梁式桥每跨 110 m，采用单墩整幅梁。

9）白沙沱长江大桥

白沙沱长江大桥是世界首座双层六线钢桁梁铁路斜拉桥，2013 年 1 月动工，2018 年 1 月上层客车桥投入运营，2019 年 4 月下层货车桥投入运营。大桥线路全长 5320.334 m，主桥全长 918 m，大桥上层为双向四线客运专线，设计速度为 200 km/h，下层为双向二线货车线，设计速度为 120 km/h，项目总投资约 20.7 亿元。

白沙沱长江大桥首次明确六线铁路桥梁设计关键技术指标，首创六线双层双桁结构和设计方法，形成多约束条件六线铁路钢桁梁施工成套技术，研发了临近运营铁路桥梁的水下岩石基础施工关键技术，建成世界首座双层六线铁路桥。实现铁路大跨度桥梁由四线到六线的重大突破，建设成果国际领先，是世界上首座六线铁路钢桁梁斜拉桥，首座跨度最大、荷载最重的六线铁路钢桁梁斜拉桥，也是世界上首座双层铁路钢桁梁斜拉桥。

10）沪苏通长江公铁大桥

沪苏通长江公铁桥又称沪通长江大桥，是世界跨度最大的公路铁路两用大桥，2014 年 3 月动工建设，2020 年 7 月建成通车，大桥全长 11.072 km（其中公铁合建桥梁长 6989 m)，包括两岸大堤间正桥长 5827 m，北引桥长 1876 m，南引桥长 3369 m。

沪通长江大桥上层为双向六车道高速公路，下层为双向四线铁路。大桥采用主跨 1092 m 的钢桁梁斜拉桥结构，是中国自主设计建造的世界上首座跨度超千米的公铁两用斜拉桥。

沪通长江大桥设计建造技术实现了千米级公铁两用斜拉桥设计建造技术，2000 MPa 级强度斜拉索制造技术，1800 t 钢梁架设成套装备技术，1.5 万 t 巨型沉井精准定位施工技术和基于实船、实桥原位撞击试验的桥墩防撞技术，成为世界建桥历史上五个“世界首创”。

巩固与提升

1. 桥梁有哪些基本组成部分，它们各自的作用是什么？
2. 桥梁按照受力形式可以分为哪几类？各自的特点是什么？
3. 简述桥梁设计的基本原则。
4. 查阅资料，尝试讲述茅以升的故事。
5. 查阅资料，列举中国桥梁历史中具有代表性或特殊意义的桥梁。
6. 查阅资料，列举中国桥梁之最，思考中国桥梁建造取得巨大成就的原因。
7. 搜集你认为最美的桥梁图片，与同学分享。

拓展阅读

茅以升

茅以升，1896 年 1 月 9 日出生，江苏镇江人，1989 年 11 月 12 日病逝于北京，享年 93 岁。

茅以升从小好学上进，善于独立思考，6 岁读私塾，7 岁就读于国内第一所新型小学——思益学堂。茅以升 10 岁过端午节那年，家乡举行龙舟比赛，看比赛的人都站在文德桥上，桥上由于人太多把桥压塌了，伤亡很多人，这一不幸事件沉重地压在茅以升心里。他暗下决心：长大了一定要造出最结实的桥。从此，茅以升只要看到桥，不管它是石桥还是木桥，他总是能从桥面到桥柱看个够。茅以升从书本上看到有关桥的文章、段落，就把它抄在本子上，遇到有关桥的图画就剪贴起来，时间长了，足足积攒了厚厚的几本。

1916 年，茅以升毕业于唐山工业专门学校（现西南交通大学)，参加清华留美官费研究生考试，以第一名成绩获得留学资格。1917 年，获美国康奈尔大学桥梁专业硕士学位，1921 年，获美国卡内基理工学院（现卡内基梅隆大学）博士学位，后回国任教，从事桥梁建设工作。

茅以升是中国土木工程学家、桥梁专家、工程教育家，中国科学院院士、中央研究院院士、美国工程院院士。他多年主持中国铁道科学研究院工作，为铁道科学技术进步作出了卓越的贡献，曾主持修建中国人自己设计并建造的第一座现代化大型桥梁——钱塘江大桥，成为中国铁路桥梁史上的一块里程碑。新中国成立后，他又参与设计我国第一座跨越长江的大桥——武汉长江大桥。

著名科学家周培源在《桥梁专家茅以升》一书中指出：“茅以升对我国科技事业的贡献是多方面的，他为中国科学普及事业乃至科技馆、科技报建设等方面作出了重大贡献。”

茅以升在《桥梁远景图》中，描绘了各种各样的桥，毛泽东曾称赞他：“不仅是科学家，还是个文学家。”

2006年，我国发行《中国现代科学家（四）》邮票一套四枚，其中第二枚是“茅以升”教授。

模块七　隧道与地下工程

思政目标：理解地下工程的社会价值以及建设者的社会责任，并遵守职业道德和行为规范，具有良好的人文社会科学素养、社会责任感、社会服务意识。

知识目标：了解隧道与地下工程的分类，了解各隧道施工方法，准确说出各隧道施工方法的优缺点及适用范围。

能力目标：能够识别隧道与地下工程的组成，能够根据工程实际初步选择隧道开挖方法。

素质目标：培养学生的爱国主义精神、使命感和责任感，并养成严谨细致的工作态度。

项目一　隧道与地下工程的分类

一、隧道的分类

隧道按所处地质条件可以分为土质隧道和石质隧道，按埋设深度可以分为浅埋隧道和深埋隧道，按横断面积可以分为极小断面隧道（2 ~ 3 m^2）、小断面隧道（3 ~ 10 m^2）、中等断面隧道（10 ~ 50 m^2）、大断面隧道（50 ~ 100 m^2）和特大断面隧道（大于 100 m^2），按隧道长度可以分为短隧道、中长隧道、长隧道和特长隧道，按所在位置可以分为山岭隧道、水底隧道和城市隧道，按用途可以分为交通隧道、水工隧道、市政隧道及矿山隧道。

二、地下工程的分类

地下工程按功能可以分为工业民用工程、商业娱乐工程、交通运输工程、水利水电工程、市政工程、地下仓储工程、人防军事工程、采矿巷道工程等，按所处环境可以分为岩体中的地下工程和土体中的地下工程，按埋置的深度可以分为浅埋地下工程、中埋深地下工程和深埋地下工程。

项目二　隧道与地下工程的组成

隧道与地下工程基本上是由主体部分和附属部分组成的，主体部分主要包括洞身衬砌和洞门，附属部分主要包括通风设施、避车洞、防排水构筑物和电力通信线槽构筑物。主体部分是为了保持岩体的稳定和安全运营而修建的人工永久构筑物，附属部分是主体结构以外的其他构筑物，是为了隧道及地下工程的运营管理、维修养护、给水排水、供蓄发电、通风、照明、通信和安全等修建。

一、洞身衬砌

隧道或地下工程开挖以后，坑道周围地层原有的平衡遭到破坏，可能导致坑道变形甚至坍塌。因此，除了在岩体坚固、不易风化的稳定岩层中开凿毛洞以外，所有的隧道或地下工程都需要修建支护结构，即衬砌。按洞身衬砌的形式可以分为整体式衬砌、装配式衬砌、喷锚式衬砌和复合式衬砌四类，如图 7－1 所示。

(a) 整体式衬砌

(b) 装配式衬砌

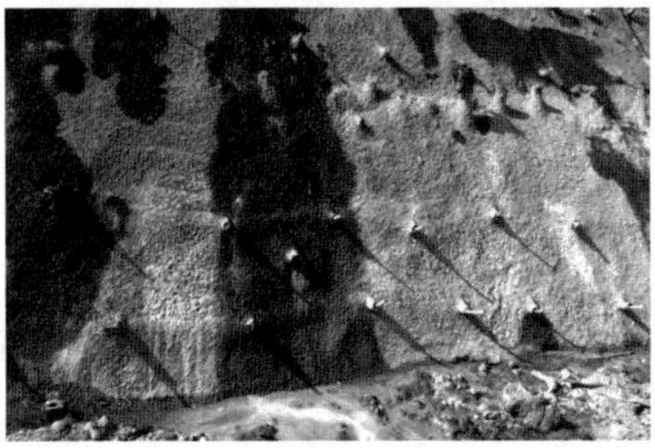

(c) 喷锚式衬砌

(d) 复合式衬砌

图 7－1　衬砌形式

洞身衬砌方式有外部支护、内部支护和混合支护三类。外部支护即从外部支撑坑道围岩，例如混凝土整体式衬砌、装配式衬砌、喷射混凝土衬砌等；内部支护即对围岩内部进行加固以提高其稳定性，例如锚杆支护、压入注浆等；混合支护即内部支护与外部支护结合使用的衬砌方式，例如复合式衬砌等。

二、洞门

洞门是隧道或地下工程的出入口，也是一种用于保护洞口、疏导雨水、兼顾装饰作用的支挡结构物。洞门联系了内部衬砌和外部岩土体，是整个地下结构的重要组成部分。

山岭隧道洞门主要起到维护洞口边坡稳定、疏导雨水、阻挡落石的作用。城市下穿隧道洞门主要起到降低隧道出入口亮度的作用，为驾驶员提供视觉调整时间，实现车辆进出隧道的光亮过渡，从而降低事故发生率。城市地下街道、地下停车场及地铁站等洞门主要起遮挡风雨的作用。洞门的构造根据所处地形、地质条件和危险程度等分类，主要包括拱式洞门和棚式洞门两类，如图 7－2 所示。

三、通风设施

隧道或地下工程在使用过程中，洞内有害空气长时间积聚将使人呼吸困难、健康受到

(a) 拱式明洞　　(b) 棚式明洞

图 7－2　洞门

威胁，影响洞内安全。因此，必须加强地下空间的空气流通，把洞外的新鲜空气引进洞内，使洞内空气达到无害的程度。地下通风主要有自然通风和机械通风两类，对于通风条件良好、使用频率低、危险性小的工程可采用自然通风，否则应采用机械通风（图 7－3）。

图 7－3　机械通风设施

四、避车洞

隧道工程中为了保证维修等人员避让车辆，隧道应在全长范围内均匀地交错设置避车洞（图 7－4），避车洞根据其断面尺寸的大小分为大避车洞和小避车洞。

避车洞的底面与路面、人行道或水沟盖板等高度齐平，设置有明显标识，便于人员在隧道内寻找。

五、防排水构筑物

隧道与地下工程内部干燥无水是正常使用的条件之一，而地下建设工程的条件使其经常与水接触，因此，隧道与地下工程的防排水就显得尤为重要。防排水要达到衬砌不滴

图 7－4　隧道避车洞

水、安装设备孔洞不渗水、底板不积水、有冻害地段的衬砌不积水的效果。

隧道与地下工程防排水工作需要结合水文地质条件、施工条件、防水等级和工程成本等技术指标，选择适宜的防排水方法，以达到防水可靠、排水通畅、基层底部无积水的效果。

六、电力通信线槽构筑物

穿过隧道的照明、通信、信号以及电力电缆必须有一定的保护措施，一般的保护方法是沿衬砌边墙下方设置全长的电缆槽。电缆槽是用混凝土浇筑而成，附设在两侧水沟而不侵入隧道净空限界的部位。

低压电缆可以直接放在电缆槽垫层面上部，高压电缆则在槽边预埋的托架上吊起。通信线缆和信号电缆可以放在同一个线槽内，缆线间距离要大于 100 mm，但不得与电力线放置在同一线槽内。

项目三　隧道与地下工程的施工方法

随着经济技术的发展与建设工程的需要，隧道施工技术也在逐步更新。建设工程中常用的隧道施工方法主要有新奥法、浅埋暗挖法、放坡开挖法、支护开挖法、地下连续墙法、盖挖法、掘进机法、盾构法、沉管法和顶进法等。

一、新奥法

新奥法是以控制爆破或机械开挖为主要掘进手段，以锚杆、喷射混凝土为主要支护方法，将理论、量测和经验相结合的一种施工方法。经过众多工程实践和理论研究，于 20 世纪 60 年代取得专利权并正式命名。新奥法适用于不稳定的砾岩、强风化岩、刚塑性黏土泥质灰岩、带坚硬夹层的黏土等地质情况。

新奥法的优点是最大限度地保持隧道周边围岩的原有岩体强度，降低了支护阻力，减少了开挖工程量及衬砌圬工数量，在软弱围岩、不良地质及浅埋隧道中其优越性显著。新奥法施工的缺点是锚喷支护、量测手段等方面技术要求高，施工作业环境差。

二、浅埋暗挖法

浅埋暗挖法是在新奥法基础上由中国工程师结合我国国情创立的，其特点是沿用新奥法原理，在设计和施工中建立信息反馈系统，同时采取超前支护、改良地层和注浆加固等配套技术来完成隧道开挖的一种施工方法。

浅埋暗挖法优点是不影响地面交通，灵活适应多种复杂地层，能有效控制周边地层变形，施工噪声小，对居民生活干扰小。浅埋暗挖法缺点是对施工技术和管理水平要求高，施工速度相对较慢，作业空间小，防水处理难度大，风险控制要求严格，且造价相对较高。浅埋暗挖法的成功应用是在北京地铁复兴门地铁站折返线工程中，随后又在西单车站、首钢地下运输廊道和长安街地下过街通道等地下工程中推广。经过多年的不断总结、完善，已形成一套完整的配套技术。以北京地铁工程为实例形成的“隧道与地铁浅埋暗挖工法”已被建设部批准为国家级工法。

三、放坡开挖法

放坡开挖法是在地表按照一定坡度向下开挖，坡面不需要支撑，形成露天的基坑，然后在基坑中修筑衬砌，敷设防水层，最后用土回填的一种明挖隧道施工方法。放坡开挖法适用于隧道埋深较浅、地面空旷、土质良好、地下水位较低的情况，图 7－5 为放坡开挖法施工示意图。

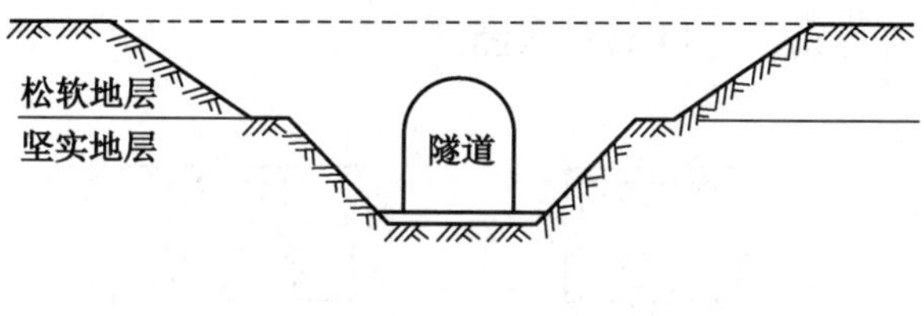

图 7－5　放坡开挖法施工示意图

放坡开挖法的优点是施工简单、成本较低、机械化程度高、施工速度快、施工质量容易得到保证。放坡开挖法的缺点是占地面积大，开挖和回填土方量大，对开挖区域的地表环境影响较大。

四、支护开挖法

支护开挖法是将围护结构插入基坑底部以下，开挖到设计标高后，再修筑隧道侧壁，然后铺盖顶板的一种施工方法。根据隧道边坡的状态，基坑内可以不设支撑，也可以设置支撑，如图 7－6 所示。

支护开挖法的优点是结构水平位移小，安全可靠，开挖深度不受限制。支护开挖法缺点是由于基坑内支撑不便于主体结构机械化施工，围护结构较复杂，增加了成本及施工难度。

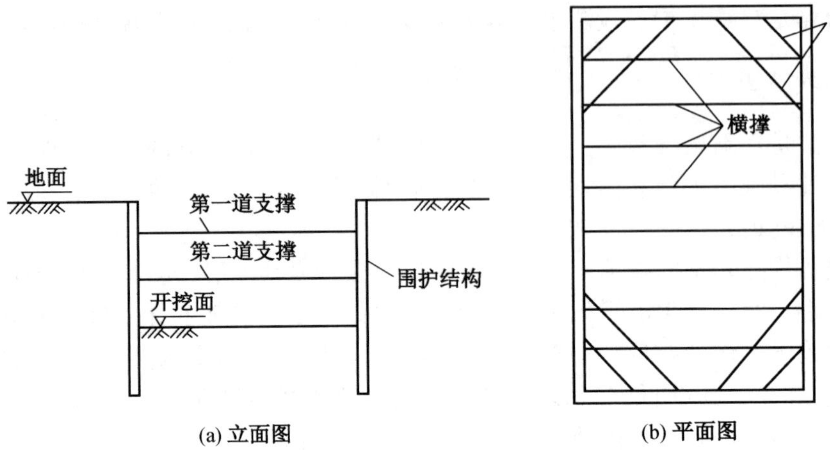

图 7-6　支护开挖法示意图（设置支撑）

五、地下连续墙法

地下连续墙法是指借助专业成槽设备，沿工程周边开挖出狭长深槽，清除槽内沉渣后，吊放钢筋笼，再通过导管浇筑水下混凝土，形成单个槽段，各槽段依次衔接，最终构筑起连续的钢筋混凝土墙体的施工方法。地下连续墙目前广泛应用于基坑开挖的围护结构，也可作为地下结构物的一部分，主要包括现浇地下连续墙、预制地下连续墙和排桩地下连续墙。图 7-7 为排桩地下连续墙示意图。

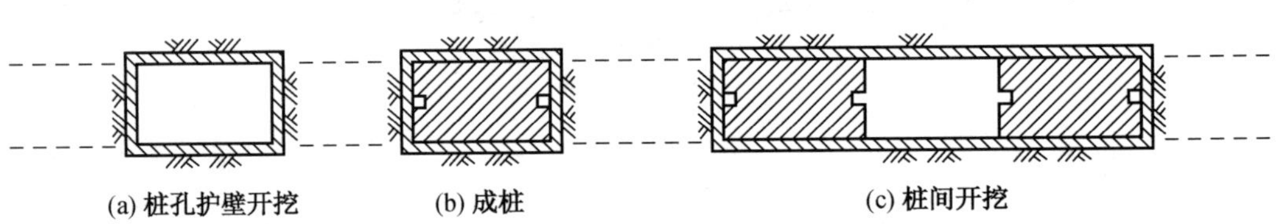

图 7-7　排桩地下连续墙示意图

地下连续墙法的优点是施工噪声小、墙体刚度大、防渗性能好，节省模板和劳动力，可在狭窄场地施工。地下连续墙法的缺点是采用泥浆等措施稳定槽壁会对环境造成一定污染。

六、盖挖法

盖挖法是由地面向下开挖至一定深度后，将顶部封闭，其余的工程在封闭的顶盖下进行施工，主体结构可以顺作，也可以逆作的一种施工方法。在城市繁忙地带修建地铁车站时，往往占用道路，但城市交通不能中断，且需要确保一定车流量，此时可选用盖挖法。

盖挖顺作法是完成挡土结构施工后，以预制盖板置于挡土结构上部临时维持交通，而后往下反复进行开挖和加设横撑，直至设计标高，最后拆除挡土结构外露部分并恢复路面的一种施工方法，如图 7－8 所示。盖挖逆作法是先在地表面向下做基坑的围护结构和中间桩，顶板作为路面支撑，按照自上而下顺序边挖土边浇筑侧墙及各层结构板，直至底板施工完成的一种施工方法，如图 7－9 所示。

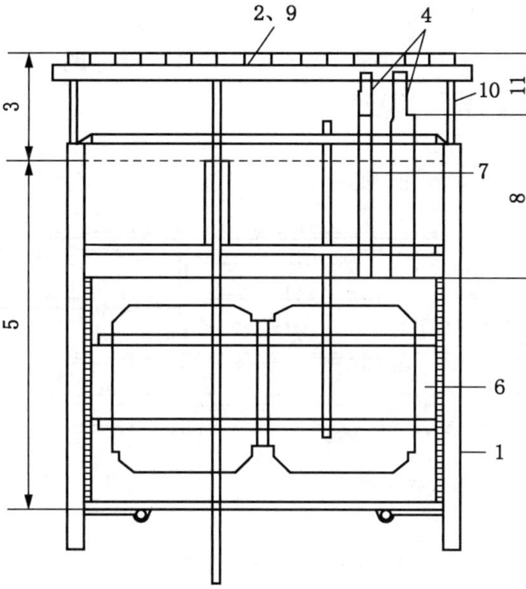

1—支挡柱（墙）；2—路面盖板；3—上段开挖；4—埋设物防护；5—主体开挖；6—修筑结构物；7—恢复埋设物；8—回填；9—拆除路面盖板；10—拔除支挡桩或拆除支挡墙头部；11—恢复路面

图 7－8　盖挖顺作法示意图

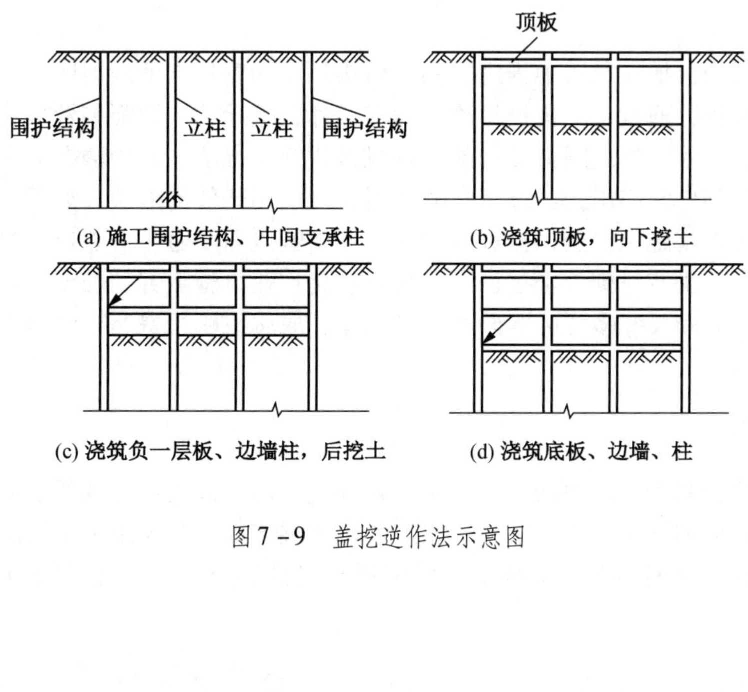

图 7－9　盖挖逆作法示意图

盖挖法的优点是围护结构变形小，能够有效控制周围土体的变形和地表沉降，基坑底部土体稳定，隆起小，可尽快恢复路面，有利于保护邻近建筑物和构筑物。盖挖法的缺点是内衬的水平施工缝处理较困难，暗挖施工难度大，工程造价高。

七、掘进机法

掘进机法是利用回转刀盘借助推进装置使刀盘上的滚刀切割（或破碎）岩石，经过渣土运输、衬砌等工序形成隧洞，是在岩石地层中暗挖隧道的一种施工方法，一般用在山岭隧道或大型引水工程，如图 7－10 所示。

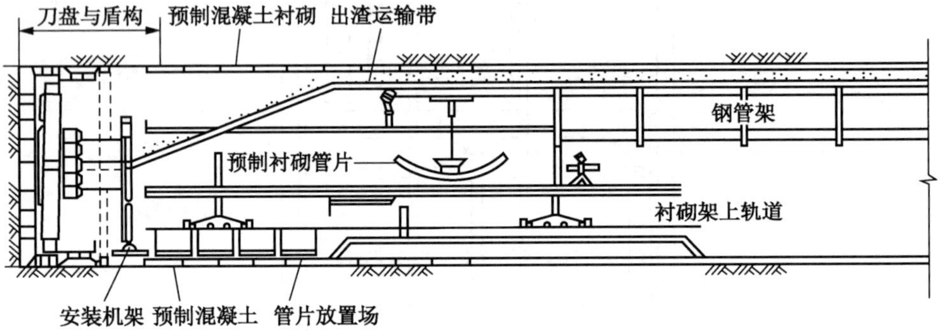

图 7－10　掘进机法示意图

掘进机法开挖隧道的优点是一次成洞，施工质量好，速度快，危险性小，支护的工作量小，施工振动小，噪声小，对周围居民和结构物影响小。掘进机法开挖隧道的缺点是机械的购置、运输、组装、解体等费用高，初期投资高，施工途中开挖直径、断面形状不能改变，在断层、破碎带和软弱地层中掘进难度大。

八、盾构法

盾构法是盾构机械在地层中推进，利用盾构外壳和管片支承四周围岩，开挖面用切削装置进行土体开挖，通过出土机械将渣土运出洞外，千斤顶在切削装置后部加压顶进，并拼装预制混凝土管片，形成隧道结构的一种机械化施工方法。盾构法在城市地铁、小型管道隧道施工中得到广泛应用，经过多年的发展，可适用于任何地层，如图 7－11 所示。

盾构法的优点是施工安全，掘进速度快，不影响地面交通，对邻近建筑物危害小，盾构的推进、出土、拼装衬砌等全过程可实现自动化作业，施工劳动强度低。盾构法的缺点是技术难度大，断面尺寸多变的区段适应能力差，盾构机购置费高，对施工区段短的工程不太经济。

九、沉管法

沉管法全称预制管段沉埋法，是用来修筑穿越江河、港湾和海峡的水底隧道的主要方法，沉管段纵断面如图 7－12 所示。港珠澳大桥的隧道部分就采用了沉管施工技术，这种设计方法既解决了交通问题，又减少了对河道环境的影响。沉管法的要点是在隧道位置

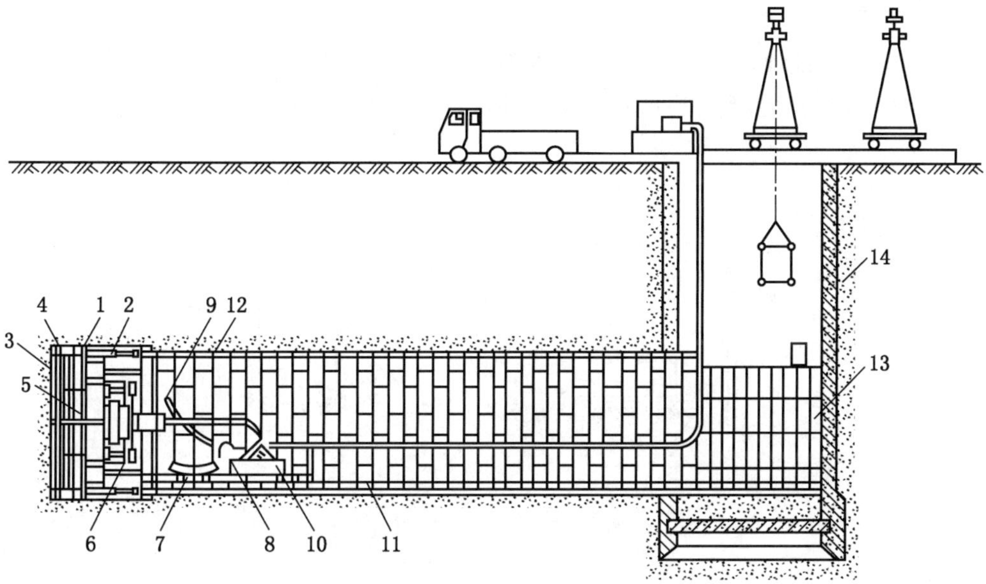

1—盾构；2—盾构千斤顶；3—盾构正面网格；4—出土转盘；5—出土皮带运输机；6—管片拼装机；
7—管片；8—压浆泵；9—压浆孔；10—出土机；11—由管片组成的隧道衬砌结构；
12—在盾尾空隙中的压浆；13—后盾管片；14—竖井

图 7－11　盾构法示意图

处，利用吊装设备将两端临时封闭的预制隧道管段浮放到指定位置，逐步向管段注水，使之下沉至预定标高，并将沉放就位的管段在水下拼装连接，隧道上部覆土回填后抽出管段内的水，拆除管段的临时封闭，进行内部装修，完成沉管施工。

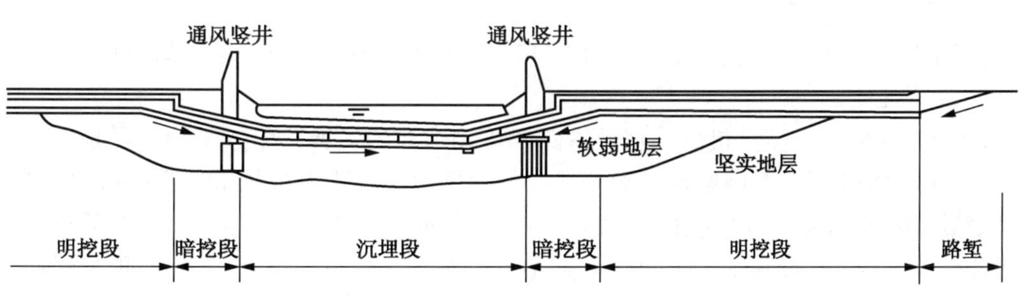

图 7－12　沉管段纵断面示意图

沉管法的优点是与水下挖土修建隧道相比造价低，施工效率高，水下作业少，操作条件好、施工安全，适用水深范围较大，隧道断面形状、大小可自由选择，断面空间可充分利用。沉管法的缺点是管段浮运期间会妨碍水面船只航行，预制管段性能要求高，水下挖掘沟槽过程中对于水质有一定影响，沉管隧道接头有漏水风险，施工技术比较复杂等。

十、顶进法

顶进法是在保证地面交通安全运行或不影响地面状态的情况下，在地面以下用机械力量将预制好的钢筋混凝土箱形框架顶入地层中，形成一定地下空间的施工方法，如图 7－13 所示。

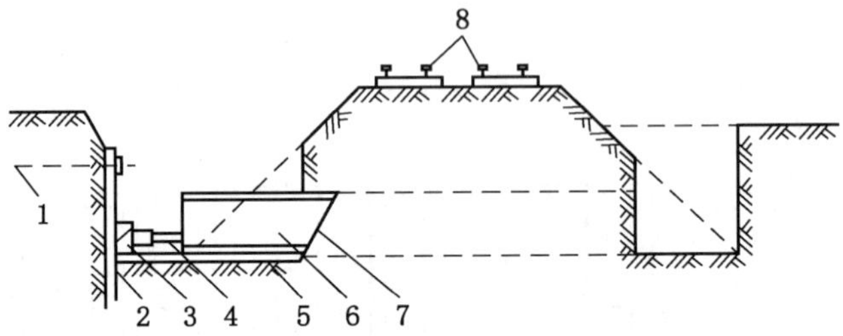

1—后背；2—钢桩；3—后背梁；4—千斤顶；5—底板；
6—箱涵；7—刃角；8—线路

图 7－13　顶进法示意图

顶进法的优点是对施工区域扰动小，施工噪声低，穿越铁路、公路、河流、建筑物等障碍时，可减少沿线的拆迁工作量，节约资金，施工机械化程度高。顶进法的缺点是复杂地质环境下施工难度大、工程造价高，顶进超挖过多时在施工后期地面可能会出现裂缝。

项目四　隧道与地下工程的发展

一、国外隧道与地下工程的发展

世界上第一座交通隧道是公元前 2180 年—公元前 2160 年在巴比伦城的幼发拉底河下修筑的人行通道。

19 世纪 20 年代，蒸汽机的出现及铁路和炼钢工业的发展，促进了隧道及地下工程的发展。1826—1830 年，英国修建了长 770 m 的泰勒山单线铁路隧道和长 2474 m 的维多利亚双线铁路隧道。1857—1871 年，法国和意大利共同修建了长 12840 m 的仙尼斯峰铁路隧道。1898 年，意大利修建了长 19800 m 的辛普朗隧道。1971 年，日本在上越铁路新干线上修建了长 22228 m 的大清水隧道。1988 年，日本修建了横跨津轻海峡长 53850 m 的青函海底隧道。

国外的地下工程发展历史悠久，古迹众多，让世界人民为之惊叹的同时又赋予了游客无限的想象空间。

1. 土耳其耶莱巴坦地下水宫

土耳其伊斯坦布尔的耶莱巴坦地下水宫位于著名的圣索菲亚大教堂西南方，被称为“地下宫殿”，由拜占庭皇帝查士丁尼一世在公元 532 年建成。地下水宫长 140 m，宽 70 m，主要用于储水。

2. 土耳其卡帕多西亚地下城市

土耳其卡帕多西亚拥有一座地下城市，建设有住宅、教堂、陵墓、寺庙等，这使其成为世界上最引人注目、规模最大的穴居地区之一。

3. 马耳他哈尔·萨夫列尼地下宫殿

马耳他哈尔·萨夫列尼地下宫殿是在联合国教科文组织注册的世界遗产，被认为是世界上最古老的古代地下寺庙。这座地下建筑最吸引各地专家的是地下洞室独特的声学特性，据说在房间说一句话，整个地下建筑都能听得见。

经过长期的生产实践，各类隧道及地下工程的规划、设计和施工体系已经成熟，并在土木工程中形成了独立的工程领域。

二、国内隧道与地下工程的发展

1. 石门隧道

陕西汉中的石门隧道是我国历史上最早的人工山体隧道，是战国时期为修褒斜栈道而凿的，后经历代修凿，方告开通，距今已有 1900 多年的历史。石门隧道位于古褒斜道南端汉中褒谷口七盘岭下，门洞长 13.6 m，宽 4.2 m，南口高 3.45 m，北口高 3.75 m，是采用“火烧水激”的方法凿成。

2. 小南海石窟

小南海石窟又称龙游石窟，是我国古代最高水平的地下人工建筑群之一，也是世界地下空间开发利用的一大奇观。小南海石窟集人文、艺术、文化、工程技术于一体，是迄今被发现的世界上最大的古代地下人造建筑。

3. 刘铭传隧道

刘铭传隧道又称狮球岭隧道，是我国最早修建的一座铁路隧道，全长 261 m，位于台湾基隆经台北至新竹窄轨铁路的基隆与七堵之间，1887—1890 年（清光绪十一至十四年），由时任台湾巡抚刘铭传主持建造，修建的隧道及所在铁路的费用完全由我国自己筹措，目前被评定为三级古迹。

4. 京张铁路八达岭隧道

京张铁路中的八达岭隧道是依靠中国人自己建成的第一座铁路隧道，单线越岭隧道全长 1092 m，工期 18 个月，是由中国杰出的工程师詹天佑亲自规划督造。

5. 风火山隧道

风火山隧道全长 1338 m，坐落在海拔超过 5000 m 的青藏高原风火山上，轨面海拔高程为 4905 m，是世界海拔最高的隧道。该隧道是青藏铁路的控制性工程之一，位于青藏高原可可西里“无人区”边缘，这里年均气温 -7 ℃，冬季最低气温达 -41 ℃，空气中氧含量约为内地的 50%，被誉为“生命禁区”。隧道所处地质环境包含土冰层、饱和冰冻土、裂隙冰和融冻泥岩等，冻土层最厚达 150 m，覆盖层最薄只有 8 m，隧道施工中稍有不慎就会大面积塌方。

6. 昆仑山隧道

昆仑山隧道是世界最长的高原冻土隧道，全长 1686 m，地处高原多年冻土区，地质结构复杂，自然条件严酷，施工难度极大，2001 年 9 月动工，2002 年 9 月贯通。

7. 复兴东路隧道

复兴东路隧道是我国第一条双管双层越江隧道，全长 2785 m，共设有两层六个车道，隧道西起浦西复兴东路、光启路，东至浦东崂山西路，成为连接浦东、浦西的一条“黄金通道”。

8. 秦岭终南山公路隧道

陕西西康高速公路秦岭终南山公路隧道是中国自行设计施工的世界最长的双洞单向公路隧道，全长 18020 m，北起西安市长安区青岔村，南至商洛市柞水县营盘镇。

9. 青岛胶州湾隧道

青岛胶州湾隧道是中国最长海底隧道，全长 7797 m，位于胶州湾海域，跨海部分长 4095 m，是青岛市西南部城市主干路的构成部分之一，2011 年 6 月 30 日通车运营。

10. 大坂山隧道

大坂山隧道海拔居亚洲第一、世界第二，隧道进口路面中心标高 3792. 75 m，隧道长 1530 m。

11. 港珠澳大桥海底隧道

港珠澳大桥海底隧道是世界埋深最大、综合技术难度最高的沉管隧道，沉管隧道海底部分长 5664 m，由 33 节钢筋混凝土结构的沉管对接而成。

巩固与提升

1. 隧道由哪几部分组成，它们各自的作用是什么？
2. 简述隧道与地下工程的分类。
3. 隧道与地下工程施工方法有哪些，各自有什么优缺点？
4. 隧道与地下工程对于我国高质量发展的意义？
5. 搜集你喜欢的隧道与地下工程实例与同学分享。

拓展阅读

李四光

李四光，1889 年 10 月 26 日出生于湖北黄冈，原名李仲揆，1971 年 4 月 29 日逝世。

1913 年，李四光远渡重洋去英国留学，考入英国伯明翰大学，先学采矿，后改学地质，1919 年毕业，被授予硕士学位。1928 年 1 月任中央研究院地质研究所所长，1948 年当选为中央研究院院士，1951 年 4 月当选为世界科学工作者协会执行委员会副主席，1952 年 9 月任中华人民共和国地质部部长，1955 年被选聘为中国科学院学部委员（院士），1969 年 4 月被选为中国共产党第九届中央委员会委员。

李四光是著名的科学家、地质学家、教育家和社会活动家，中国地质力学的创立者、中国现代地球科学和地质工作的主要领导人和奠基人之一，新中国成立后第一批杰出的科学家和为新中国发展作出卓越贡献的元勋，2009 年当选为 100 位新中国成立以来感动中国人物之一。

李四光毕生致力于地球科学事业，提出了构造体系新概念，为研究地壳构造和地壳运动、地质工作开辟了新途径。他关于古生物蜓科化石分类标准与鉴定方法，一直沿用至今，为微体古生物研究开拓了新道路。李四光建立的中国第四纪冰川学，为第四纪地质研究，特别是地层划分、气候演变、环境治理和资源勘查等开拓了新思路。

为了解决经济建设中能源紧缺问题，李四光运用自己创建的地质力学理论和方法，组织和指导石油地质工作，在分析中国地质构造特点的基础上，指出新华夏构造体系三个沉降带具有广阔的找油远景，50 年代初就提出华北平原和松辽平原的“摸底”工作值得进行，为大庆、胜利、大港等我国东部一系列大油田的勘探与发现，为摘掉我国“贫油”的帽子和石油工业的发展作出了重大贡献。李四光指导铀等放射性矿产勘查取得突破性进展，为发展我国核工业和“两弹一星”作出了重要贡献。

模块八　土木工程防灾减灾

思政目标：认识到土木工程防灾减灾的意义，具有安全意识、保护人民生命财产安全的社会责任感与职业道德。

知识目标：了解灾害的危害，掌握各种灾害的特点及其防护技术，掌握工程结构检测的内容及其对应方法。

能力目标：能够识别灾害类型，能够进行灾害排查，面对灾害能给出相应的防范措施。

素质目标：学生能深刻理解土木工程师应承担的责任，具备社会责任感与职业道德。

项目一　灾　害　概　述

世界卫生组织对“灾害”的定义为“任何引起社会破坏、经济严重受损、人员伤亡、健康状况及卫生条件恶化的事件，如其规模已超出事件发生区域的承受能力而需要向区域外部寻求专门援助时，就可称其为灾害”。灾害是以造成人类生命、财产损失的后果为前提，例如：一次山体崩塌发生在荒无人烟的冰雪深山，并无人员伤亡，甚至无人知晓，则不会被称作灾害；但如果山体崩塌、滑坡发生在人员聚居的城镇，导致人员伤亡、房屋倒塌、道路受阻、农田被淹等，这就构成灾害事件。

一、灾害类型

根据灾害发生的原因，灾害可分为自然灾害和人为灾害两大类。自然灾害是自然界中物质变化、运动造成的灾害，人为灾害是由于人的过错或某些丧失理性的失控行为给人类造成的损害。根据灾害发生过程可分为原生灾害（或一次性灾害）和次生灾害（或衍生灾害），根据灾害发生特征可分为突发性灾害和隐发性灾害等。

不论是何种灾害，都不是孤立发生和存在的，而是各要素之间相互联系、相互作用和相互依存的结果。灾害大致可以分为突变型、发展型、持续型和演变型四种类型。

突变型灾害的发生往往没有预兆，是突然发生的，发生过程历时较短，但破坏性很大，而且可能在短期内重复发生，如地震、泥石流和火灾等。发展型灾害有一定的预兆，往往是某种正常自然过程积累的结果，发展是较迅速的，但比突变型灾害要缓慢，因而其过程具有一定的可估计性，如暴雨、台风和洪水等。持续型灾害的持续时间可从几天到半年甚至几年不等，如旱灾、涝灾、传染病和生物病灾害等。演变型灾害存在较长的发展时间，是自然环境演化或人类不当行为造成的必然伴生现象，其进程缓慢不易引起人们的重视，因而最难控制和减轻，如沙漠化、水土流失、冻土、海水入侵、地面下沉、海面上升以及区域气候干旱化等。

二、灾害特点

灾害主要具有广泛性与区域性、频繁性和不确定性、周期性、关联性、严重性和可减轻性几个特点。

灾害具有广泛性与区域性。一方面，灾害的分布范围很广，无论是海洋或陆地、城市或农村、山地或丘陵、平原或高原，只要有人类活动，灾害就有可能发生；另一方面，地理环境的区域性又决定了灾害的区域性。

灾害具有频繁性和不确定性。全世界每年发生的各类灾害非常多，近几十年来，灾害还呈现增加的趋势，而灾害发生的时间、地点和规模等不确定性，又在很大程度上增加了人类抵御灾害的难度。

灾害具有一定的周期性。地震、干旱、洪水等灾害的发生都呈现出一定的周期性，常说的“十年一遇”“百年一遇”实际上就是对周期性的一种通俗描述。

灾害具有关联性。灾害的关联性表现在两个方面。一方面是区域之间具有关联性。例如：南美洲西海岸发生的“厄尔尼诺”现象，有可能导致全球气象紊乱；美国排放的工业废气，常常在加拿大境内形成酸雨。另一方面是灾害之间具有关联性，某些自然灾害可以互为条件，形成灾害群或灾害链，例如，火山活动可以导致火山爆发、冰雪融化、泥石流、大气污染等一系列灾害。

灾害具有严重性。例如，全球每年发生可记录的地震约 500 万次，其中有感地震约 5 万次，造成破坏的近千次，而里氏 7 级以上足以造成严重损失的强烈地震每年约发生 150 次，干旱、洪涝两种灾害造成的经济损失也十分严重，全球每年因干旱、洪涝造成的损失达数百亿美元。

灾害具有可减轻性。充满智慧的人类，可以在越来越广阔的范围内进行防灾减灾，通过事前预报、事中控制、事后救援等有效措施最大限度地减轻灾害损失。

三、灾害损失

2021 年，各种自然灾害共造成 1.07 亿人次受灾，因灾死亡失踪 867 人，倒塌房屋 16.2 万间，直接经济损失 3340.2 亿元。

2022 年，各种自然灾害共造成 1.12 亿人次受灾，因灾死亡失踪 554 人，倒塌房屋 4.7 万间，直接经济损失 2386.5 亿元。

2023 年，各种自然灾害共造成 9544.4 万人次受灾，因灾死亡失踪 691 人，倒塌房屋 20.9 万间，直接经济损失 3454.5 亿元。

2024 年，各种自然灾害共造成 9413 万人次受灾，因灾死亡失踪 856 人，倒塌房屋 6.4 万间，直接经济损失 4011.1 亿元。

鉴于灾害对现代文明的巨大破坏和越来越大的影响，联合国将 20 世纪的最后 10 年命名为“国际减灾十年”，并规定每年 10 月 13 日为“国际减灾日”。国际减灾日的设立是为了强调减轻自然灾害对社会及环境影响的重要性，通过最大限度地减少人员伤亡和财产损失，使公众的社会和经济结构在灾害中受到的破坏减轻到最低程度。每年的主题都会围绕减轻自然灾害的风险和提升社会的抗灾能力展开，以应对全球面临的各种自然灾害挑战。

全国防灾减灾日经国务院批准设立，自 2009 年起，定于每年的 5 月 12 日。设立“防灾减灾日”一方面顺应社会各界对中国防灾减灾关注的诉求，另一方面提醒国民前事不忘，后事之师，更加重视防灾减灾，努力减少灾害损失。防灾减灾日的图标以彩虹、伞、人为基本元素，雨后天晴的彩虹寓意着美好、未来和希望，伞的弧形形象代表着保护、呵护之意，两个人代表着一男一女、一老一少，两人相握之手与下面的两个人的腿共同构成一个“众”字，寓意大家携手，众志成城，共同防灾减灾。整个标识体现出积极向上的思想和保障人民群众生命财产安全之意。

项目二　结构检测鉴定与维修加固

土木工程防灾主要涉及灾害材料学、灾害检测学、工程修复与加固等，防灾之前需要对建筑物进行检测和鉴定，对结构可靠性做出科学的评估，从而对建筑物实施有效的维护、加固和改造，以保证建筑物的安全和正常使用的需要。

在工程结构的防灾研究中，首要关注的是材料受灾后的性能变化，即材料在灾害作用下的强度、弹性模量等性能指标的损伤情况，国内外虽然在这方面开展过一定研究，但是系统性还不够。在土木工程领域中，灾害材料学还未形成一个专门的学科，但在工程结构的加固设计、工程鉴定和工程咨询等实践中又需要这方面的知识。

一、结构检测鉴定

工程结构检测鉴定是采用各种检测方法对工程结构及构件的材料质量和工作性能进行详细检测、试验、判断和评价的过程，并对其可靠性进行鉴定，给出是否需要加固的结论。

工程结构的检测是依据现行标准对结构的损伤情况进行诊断，建立在现场调查和检测的基础上，为了避免破坏构件，所以目前多采用无损检测方法。常见的检测内容主要有混凝土强度检测、混凝土碳化及钢筋锈蚀检测、砌体强度检测、钢材强度测定及缺陷检测等。

1. 混凝土强度检测

混凝土立方体抗压强度试验

无损检测混凝土强度的方法是在不破坏结构混凝土的前提下，通过仪器测得混凝土的力学指标，如测得硬化混凝土表面的回弹值或波在混凝土内部的传播速度等，按照特定关系推算出混凝土强度指标。目前，实际工程中混凝土强度无损检测应用较多的有回弹法、超声法、超声－回弹综合法，并已制定相应的技术规程。半破损检测混凝土强度的方法是在不影响结构构件承载力的前提下，在构件上直接进行局部微破坏试验，或者直接取样试验获取数据，推算出混凝土强度指标，目前使用较多的有钻心取样法，并已经制定出相应的技术规程。

利用超声法还可以进行混凝土缺陷和损伤检测。混凝土结构在施工过程中因浇捣不密实会形成蜂窝，甚至孔洞，在使用过程中因温度变化和荷载作用可能产生裂缝，当混凝土内部存在缺陷和损伤时，超声脉冲会在缺陷界面产生反射，导致波幅和频率降低，根据声速、波幅和频率等参数的变化情况，评判混凝土内部的缺陷状况和损伤程度。

2. 混凝土碳化及钢筋锈蚀检测

混凝土结构暴露在空气中会产生碳化，当碳化到达钢筋表面时，就会破坏钢筋表面起保护作用的钝化膜，钢筋会有锈蚀的危险。因此，评价现存混凝土结构的耐久性时，混凝土的碳化深度是重要依据。混凝土碳化深度可利用酚酞试剂检测，在混凝土构件上钻孔或凿开断面，涂抹酚酞试剂，根据颜色变化情况即可确定碳化深度。

钢筋锈蚀会削弱钢筋有效截面面积，钢筋锈蚀膨胀还会导致混凝土保护层胀裂剥落，直接影响结构承载能力和使用寿命。混凝土中钢筋锈蚀是一个电化学过程，利用仪器获取钢筋表面电位变化情况，再根据钢筋锈蚀程度与测量电位之间的关系，可以判断钢筋是否锈蚀及锈蚀程度。

3. 砌体强度检测

砌体强度检测可采用实物取样试验，在墙体适当部位切割试件，运至试验室进行试验，确定砌体实际抗压强度。近些年，原位测定砌体强度技术有了较大发展，原位测定实际上是一种少破损或半破损的方法，试验后砌体稍加修补便可继续使用。例如：顶剪法利用千斤顶对砖砌体进行现场顶剪试验，通过测量顶剪过程中砌体的压力和位移，可以求得砌体的抗剪强度和抗压强度；扁顶法则采用一种专门用于检测砌体强度的扁式千斤顶，插入砖砌体灰缝中，对砌体施加压力直至破坏，根据加压的大小，可以确定砌体的抗压强度。

4. 钢材强度测定及缺陷检测

钢材强度可采用表面硬度法进行无损检测，由硬度计端部的钢球受压时在钢材表面留下的凹痕推断钢材的强度。钢材和焊缝缺陷可用超声波法检测，其工作原理与检测混凝土内部缺陷相同。由于钢材密度比混凝土大，为了能够检测钢材或焊缝中较小的缺陷，要选用较高的超声波频率。

钢材的拉伸试验

工程结构的鉴定就是根据检测结果，对实际结构进行验算、分析，找出薄弱环节，评价其安全性、适用性和耐久性，为工程改造或加固维修提供依据。建筑结构鉴定的内容包括结构整体性能鉴定、功能状况鉴定，结构承载能力（强度、刚度和稳定性等）鉴定等。建筑结构目前常采用的方法有传统经验法、实用鉴定法和概率鉴定法，其中实用鉴定法应用最广。

建筑结构的检测鉴定是以国家及有关部门颁布的标准、规范或规程为依据，按照其规定的方法、步骤进行检测、鉴定和计算，在此基础上对结构的安全性作出科学的评判。

二、结构维修加固

工程结构的维修加固是一门研究使受损的工程结构重新恢复使用功能或适应新的使用功能的学科。在发达国家和地区，工程维修加固已成为建筑业的重要组成部分，我国建筑业也已开始由大规模新建项目迈向老旧小区的加固、改造、维护。

建筑物随着时间的推移逐步老化，使用过程中可能存在使用功能改变、遭受地震等灾害，还可能存在设计缺陷或施工失误等，往往需要对土建工程结构进行维修加固。建筑物的维修加固方法很多，分别适用不同工程结构。

1. 混凝土结构主要维修加固方法

（1）扩大截面法。扩大截面法最简单易行，通过加大混凝土梁柱截面，提高梁柱承载能力，但缺点是建筑净高有一定的减小。

（2）粘钢或外贴碳纤维加固法。粘钢或外贴碳纤维加固法一般在混凝土构件表面的受拉区粘贴薄钢板或碳纤维，使其与混凝土协同工作，以提高构件承载能力，但需要专门的防火处理。

（3）外包钢加固法。外包钢加固法是在构件（如混凝土柱）的四角或两面包以型钢，构件截面尺寸增加不多，但混凝土柱的承载力可大幅度提高。

（4）预应力加固法。通过对建筑构件施加预应力，能够抵消部分外加荷载，起到卸载作用，尤其适用于大跨度结构。

2. 砌体结构主要维修加固方法

（1）提高抗震承载力法。砌体结构提高抗震承载力的方法主要有：在墙体交接处外加现浇钢筋混凝土构造柱加固，混凝土柱应与圈梁、拉杆连成整体或与现浇钢筋混凝土楼盖连接，外加柱必须有相应的基础；在墙体一侧或两侧采用水泥砂浆面层、钢丝网砂浆面层或现浇钢筋混凝土板墙加固；对强度过低的原墙体可拆除重砌，或增设抗震墙；对已开裂墙体可采用压力灌浆修补，对砂浆饱满度差或强度等级过低的墙体可用满墙灌浆加固。

（2）加强房屋整体性法。砌体结构加强房屋整体性的方法主要有：圈梁设置偏少不符合抗震要求时应再增设圈梁，外墙圈梁一般用现浇钢筋混凝土，内墙圈梁可用钢拉杆或在进深梁端加锚杆；纵、横墙连接较差时，可增加钢拉杆、锚杆或外加壁柱和外加圈梁；楼面、屋盖梁支撑长度不足时，可增设托梁或采用其他有效措施。

（3）加固易倒塌部位法。砌体结构加固易倒塌部位的方法主要有：对于易倒塌部位，针对具体情况采用加固措施，如承重窗间墙太窄可增设钢筋混凝土窗框或采用面层、夹板墙加固；当隔墙无拉结或拉结不牢时，需采取锚接措施。

3. 钢结构主要加固方法

（1）加大构件截面法。采用加大截面法加固钢构件时，所选截面形式应有利于加固技术要求并考虑已有缺陷和损伤的状况。加固后构件需满足现行设计标准的安全性、适用性及耐久性。

（2）重新连接法。钢结构的构件一般采用焊缝、铆钉、普通螺栓和高强度螺栓方式连接，根据钢结构需要加固的原因、目的、受力状况、构造及施工条件，并考虑结构原有的连接方式确定重新连接方法。

（3）裂纹修复法。钢结构因荷载反复作用及材料选择、构造、制造、施工安装不当等产生具有扩展性或脆断倾向性裂纹损伤时，先分析产生裂纹的原因及其影响的严重性，有针对性地采取裂纹修复加固的措施，对不宜采用修复加固的构件，应予拆除更换。

（4）改变结构计算模型法。改变结构计算模型的加固方法是指采用改变荷载分布状况、传力途径、节点性质和边界条件等，增设附加杆件和支撑、施加预应力、考虑空间协同工作等措施对钢结构体系进行加固的一种方法。

项目三　防灾减灾系统及措施

一、防灾减灾系统

防灾减灾工作关系到一个国家或一个地区的经济大局、关系到国家和社会的稳定，加强和做好防灾减灾工作是保障国民经济持续稳定发展的大事。现代防灾减灾系统不再是简单的灾害发生后的抢险救灾，而是一个复杂的系统工程。灾害监测是减灾工程的先导性措施，灾害预报是减灾准备和各项减灾行动的科学依据，防灾是目的，抗灾是防灾减灾的实质性举措，救灾是防止灾害扩大的具体行动，灾后重建与恢复生产是灾害发生后的基本要求。

1. 灾害监测

灾害监测是监视测量与灾害有关的各种自然因素变化数据。灾害监测的直接目的是取得灾害因素变化的资料，用来分析灾害的发生规律，是进行灾害预测的基础性资料。

灾害的监测方式主要有卫星与航空遥感监测、地面监测、地层深部或地下孔点监测、水面和水下监测、政府部门与群众哨卡监测等。

2. 灾害预报

灾害预报是指根据灾害的周期性和重复性、灾害间的相关性、致灾因素的演变和作用、灾害发展趋势、灾源的形成、灾害载体的运移规律以及灾害前兆信息等对灾害未来发生的可能性作出估计或判断。灾害预报一般分为近期预报、中期预报和长期预报。由于人类对灾害的发展规律认识不全面，对灾害的监测能力总体还比较低，所以，目前灾害的预报水平还比较低，且不平衡。随着科学技术的进步以及对灾害规律认识的深入，灾害预报水平也会不断提高。

3. 防灾

防灾是在灾害发生前采取的避难性措施，是最经济、最安全又十分有效的减灾措施。防灾的措施主要有规划性防灾、工程性防灾、技术性防灾、转移性防灾和非工程性防灾等。

4. 抗灾

抗灾是指人类面对灾害作出的反应，如抗洪、抗震、抗风和抗滑坡等工程性措施，主要包括工程结构的抗灾与工程结构在受灾后的检测与加固等。

工程抗灾是防灾总体工作中的关键环节和重中之重。一般来说，无论灾害的预测预报是否准确，防灾工程要严格按照抗震、防洪、防风、防火标准的要求进行设计、施工和验收，对现有不符合各类标准的工程要进行加固改造。

5. 救灾

救灾是灾害已经开始后采取的最紧迫的减灾措施。救灾实际上是一场动员全社会，甚至国际社会力量对抗灾害的战斗，从指挥运筹到队伍组织，从抢救到医疗，从物资供应到维护生命线工程，构成一个严密的系统，需要周密的计划、严密的组织。救灾的效率与减灾的效益直接关联，为了取得最佳的减灾效益，灾害危险区应根据灾害特点和发展趋势，先制定好综合救灾预案，防患于未然。

6. 灾后重建与恢复生产

灾后重建是指遭受毁灭性灾害后进行的全方位建设活动。如 1978 年唐山地震后，整个唐山变成了一片废墟，在党中央和国家领导下，唐山人民经过多年的艰苦努力，在废墟上建起了一座崭新的唐山新城。

恢复生产是指在灾害发生后所进行的各种生产活动。这是减轻灾害损失，保证社会秩序稳定和人民生活正常化的重要措施，是灾后重建中的重要一环。

二、防灾减灾措施

做好防灾减灾工作是保障我国持续稳定发展的大事，针对我国防灾减灾的特点和形势，根据《中国21世纪议程》和防灾减灾规划的要求，我国防灾减灾应坚持“以防为主，防抗救相结合”的方针，坚持经济建设和减灾工作一起抓，建立与经济社会发展相适应的灾害综合防治体系，综合运用工程技术、法律、行政、经济及教育等手段，提高防灾减灾能力，为国家或地区可持续发展提供可靠的保证。为此，防灾减灾措施包括以下几个方面。

1. 工程规划与选址

（1）避开危险区域。在项目规划初期，进行详细的地质、水文等勘察，避免在地震断裂带、洪水淹没区、泥石流易发区等危险地段建设工程。

（2）考虑环境因素。充分考虑周边环境对工程的影响，如在山区建设时，要防止山体滑坡、崩塌等地质灾害对工程的破坏。

2. 结构设计与加强

（1）增强结构抗震性能。根据当地的抗震设防要求，采用合理的结构体系和抗震构造措施，如设置抗震缝、加强结构的整体性等。

（2）提高抗风能力。对于高层建筑和大跨度结构，通过优化外形设计、增加结构刚度等方式，提高其抗风能力，减少风荷载对结构的破坏。

（3）加强防水设计。做好建筑物的防水设计，包括屋面防水、地下室防水等，防止水渗漏对结构造成损害。

3. 材料选用与改进

（1）采用高性能材料。选用强度高、耐久性好、抗腐蚀性能强的建筑材料，提高工程的整体质量和抗灾能力。

（2）研发新型材料。积极研发和应用具有特殊性能的新型材料，如具有自感知、自修复功能的智能材料，用于土木工程结构中。

4. 监测与预警系统

（1）实时监测。在工程结构上安装传感器，对结构的位移、应力、应变等参数进行实时监测，及时掌握结构的工作状态。

（2）预警系统。建立灾害预警系统，结合气象、地质等数据，对可能发生的灾害进行提前预警，以便采取相应的防范措施。

5. 应急与修复措施

（1）制定应急预案。制定完善的应急预案，包括人员疏散、救援措施、物资调配等，确保在灾害发生时能够迅速、有效地进行应对。

（2）灾后修复技术。研发和应用先进的灾后修复技术，如结构加固、损伤修复等，尽快恢复工程的使用功能。

巩固与提升

1. 灾害的类型有哪些？
2. 结构维修加固的主要方法有哪些？
3. 简述防灾减灾的措施。
4. 简述为了减少灾害发生或灾害影响，作为工程师应该怎么做。

拓展阅读

黄文熙

黄文熙，1909 年 1 月 3 日出生于上海，祖籍江苏吴江，2001 年 1 月 1 日逝世。

黄文熙 1929 年毕业于中央大学（现南京大学）土木工程系；1933 年，考取清华大学留美公费生，主修河工专业；1935 年春，进入密歇根大学，学习力学和水工建筑，在取得硕士学位时因成绩优秀被破格免试攻读博士学位。由于表现优异，《底特律日报》和《密歇根日报》都有专文称赞他是“密歇根大学多年来才华最出众的学生，在结构和水利工程两个领域内取得了杰出的成就”。

1937 年夏，抗日战争前夕，黄文熙接受中央大学的邀聘，毅然回国从事教学科研与工程实践工作。

作为中国水利水电科研事业的开拓者、组织者，黄文熙教授毕生致力于水工建设的结构力学和岩土力学的科学研究，涉及领域十分广泛，都有所建树和创见，特别是在岩土力学及拱坝研究方面的成就更为突出。

黄文熙不仅是一个在岩土力学和结构理论方面有突出成就的学者，也是一个思想敏锐、经验丰富的工程师和解决实际工程问题的能手。黄文熙引进和推广了许多先进技术，如砂井预压法加固软土地基，反滤法和减压井防止渗透破坏，补偿基础原理建造不用桩基的水闸，就地浇筑混凝土防渗墙阻止砂砾地基的地下渗漏等，还积极参与了三峡等国家重大工程的咨询工作。

模块九　建设工程项目管理

思政目标：培养学生探索未知、追求真理、勇攀科学高峰的责任感和使命感，增强学生勇于探索的创新精神、善于解决问题的实践能力。

知识目标：了解合同管理的各项内容，了解质量控制原理，掌握质量控制方法，掌握安全管理的措施，掌握进度计划编制方法，掌握成本管理方法，掌握风险识别方法。

能力目标：能够进行小额采购与投标管理工作，能够进行质量缺陷处理，能够依据实际进行项目安全管理，能够编制进度计划，能够控制项目成本，能够识别风险并控制风险。

素质目标：培养学生遵纪守法、爱岗敬业、开拓创新的职业品格和行为习惯。

项目一　合　同　管　理

一、一般规定

建设工程中建立项目合同管理制度，明确合同管理责任，设立专门机构或人员负责合同管理工作，配备符合要求的项目合同管理人员，实施合同的策划和编制活动，规范项目合同管理的实施程序和控制要求，确保合同订立和履行过程的规范性。

项目合同管理遵循合同评审、合同订立、合同实施等程序，其中包含合同中止与恢复和索赔等内容。严禁通过违法发包、违法分包、转包、挂靠等方式订立和实施建设工程合同。

二、合同评审

合同订立前，先进行合同评审，进行对合同条件的审查、认定和评估工作。以招标方式订立合同时，要对招标文件和投标文件进行审查、认定和评估。

合同评审应包括合法性评审、合规性评审、合理性评审、可行性评审、合同严密性评审、完整性评审及合同风险评估等内容。合同内容涉及专利、专有技术或者著作权等知识产权时，应对其使用权的合法性进行审查。

评审中发现的问题，应以书面形式提出，要求予以澄清或调整。管理人员根据需要进行合同谈判，细化、完善、补充、修改或另行约定合同条款和内容。

三、合同订立

项目管理人员依据合同评审和谈判结果，按程序和规定订立合同。合同订立应采用书面形式，并符合相关资质管理与许可管理的规定。合同应由当事方的法定代表人或其授权的委托代理人签字或盖章，合同主体是法人或者其他组织时，应加盖单位印章，合同订立后在规定期限内办理备案手续。

四、合同实施

项目管理人员制定合同实施工作程序，编制合同实施计划。合同实施计划包括合同实施总体安排、合同分解与分包策划、合同实施保证体系建立等内容。

合同实施保证体系与其他管理体系应协调一致，建立合同文件沟通方式、编码系统和文档系统，对承接的合同做总体协调安排。分包合同的内容在质量、资金、进度、管理架构、争议解决方式等方面符合总包合同的要求，实施中符合法律法规和有关合同管理制度的要求。

合同实施过程定期进行合同跟踪和诊断。对合同实施信息进行全面收集、分类、处理，查找合同实施中的偏差，对出现的偏差进行定性、定量分析，通报合同实施情况及存在的问题。

根据合同实施偏差结果制定合同纠偏解决措施或方案，经授权人批准后实施。合同实施需要其他相关方配合时，项目管理机构应事先征得各相关方的认同。并在实施中协调一致，将变更文件、变更内容告知相关人员。

五、合同中止与恢复

合同中止履行前，应以书面形式通知对方并说明理由。因对方违约导致合同中止履行时，在对方提供适当担保时应恢复履行；合同中止履行后，对方在合理期限内未恢复履行能力并且未提供相应担保时，应报请上级决定是否解除合同。

合同中止或恢复履行，需要依法向有关行政主管机关报告或履行核验手续，在规定的期限内履行相关手续。合同中止后不再恢复履行时，根据合同约定或法律规定解除合同。

六、索赔

工程项目索赔通常是指在工程合同履行过程中，合同当事人一方因为非自身因素或对方不履行或未履行合同而受到经济损失或权利损害时，通过一定的合法程序向对方提出经济或时间补偿要求。索赔是一种正当的权利要求，它是业主方、监理工程师和承包方之间一项正常的、普遍存在的合同管理业务，是一种以法律和合同为依据的合理行为。

在工程建设的各个阶段，都有可能发生索赔，但施工阶段索赔发生较多。索赔也是双向的，既包括承包人向发包人的索赔，也包括发包人向承包人的索赔。但在工程实践中，发包人索赔数量较少，而且处理方便，可以通过冲账、工程款抵扣、扣保证金等方式实现对承包人的索赔。通常情况下，索赔是指承包人在合同实施中，对非自己过错的责任事件造成的工程延期、费用增加，而依据合同约定要求发包人给予补偿的一种行为。

工程施工中，引起承包人向发包人索赔的原因一般会有施工条件变化、工程变更、因发包人原因致使工期延期、发包人要求合同变更、法律法规和国家有关政策变化、货币及汇率变化、工程造价管理部门公布的价格调整、发包人原因导致承包人受损失、不可抗力等。

建设工程中索赔可以归纳为工期索赔和费用索赔两种。

1. 工期索赔

工期索赔的原因主要是业主和工程师造成的工程延误，如业主拖延提供施工场地和施工图纸引起工程延误、因承包商原因引起的延误、施工组织不当出现窝工停工引起的工程延误、不可抗力因素（自然灾害、战争、动乱、核泄漏事故、复杂地质构造等）引起的工程延误等。

干扰事件对工期的影响通过原网络计划与可能状态的网络计划对比得到，重点是分析两种状态的关键线路工期变化情况，若是变化导致工期增加则可以进行工期索赔，若是变化不会影响工期增加则索赔不成立。工程实施中进度是动态的，可能根据现场情况调整，干扰事件引起的索赔也随之同步进行。

2. 费用索赔

费用索赔是指承包商在非自身因素影响下而遭受经济损失时，向业主提出额外费用补偿的要求。因此，费用索赔是承包商根据合同条款的有关规定向业主索取合同价款以外的费用，索赔费用不应视为承包商的意外收入，也不能视为业主的不必要开支。索赔费用的存在，是由于签订合同时还无法确定的某些由业主承担的风险因素导致的结果，投标报价中一般不考虑由业主承担的风险对报价的影响，因此，一旦风险发生并影响承包商的工程成本时，承包商提出费用索赔是一种正常合理的行为。

承包商可索赔的费用一般包括人工费、设备费、材料费、保函手续费、贷款利息、保险费、利润和管理费等方面。

实际情况与合同约定内容不一致时，按照合同规定实施索赔。索赔应依据合同约定提出，合同没有约定或者约定不明时，按照法律法规规定提出。索赔过程中应全面、完整地收集和整理索赔资料，索赔报告中说明索赔理由，提出索赔金额及工期，索赔意向通知及索赔报告按法定程序和期限提出。合同实施过程中产生争议时，一般由双方通过协商达成一致，协商不成的请求第三方调解，仍没有解决的争议按照合同约定申请仲裁或向人民法院起诉。

项目二　采购与投标管理

采购工作应符合有关合同、设计文件所规定的技术、质量和服务标准，符合进度、安全、环境和成本管理要求，采购实施过程符合法律法规和经营要求。建立投标管理制度，确定项目投标实施方式，规定管理与控制的流程和方法。采购和投标资料应真实、有效、完整，具有可追溯性。

一、采购管理

采购管理组织根据立项报告、工程合同、设计文件、管理实施规划和采购管理制度等对采购事项进行审核。采购计划应包括采购范围、内容、数量、技术标准、货物检验方式、供货方资质审查要求、采购控制目标及措施等内容。采购过程按法律法规和规定程序规定，依据工程合同需求采用招标、询价或其他方式实施。

采购中检验使用的计量器具、取样数量和抽验操作应符合标准要求，对不合格品依据合同和法规要求进行处置。采购物品在检验、运输、移交和保管过程中，应避免对职业健康安全和环境产生负面影响。

二、投标管理

项目投标前，应先进行投标策划，确定投标目标，并编制投标计划，随后分析招标文件和发包方的要求，依据投标目标、范围、要求等准备投标所需要的文件和资料，并进行投标风险分析及信息沟通，制定投标策略与应急措施。

投标文件应保证符合发包方及相关要求，经过对商务标满足程度、技术标实施方案及经济合理性等论证后形成正式投标文件，按照招标文件要求实施投标行为，中标后按规定办理有关手续。

项目三　质　量　管　理

质量管理是指确定质量方针、目标和职责，并通过质量体系中的质量策划、控制、保证措施和改进方法实现建设工程质量合格。

一、质量控制原理

1. PDCA 控制原理

工程项目质量保证体系的运行，以质量计划为主线，以过程管理为重心，依据 PDCA 控制原理，按照计划、实施、检查和处置的步骤展开。

计划（Plan），计划是质量管理的首要环节，通过计划确定质量管理方针、目标，并制定目标措施和行动方案；实施（Do），实施包含计划方案的交底，按计划规定的实施方法及要求展开施工作业技术活动；检查（Check），检查就是对照计划，检查计划执行的情况和效果，及时发现计划执行过程中的偏差和问题；处置（Action），处置是在检查的基础上，采取措施，纠正计划执行中的偏差，克服缺点、改正错误。

质量保证体系的运行就是按照 PDCA 控制原理往复地运转，每运转一次，工程质量就提高一步，PDCA 控制原理具有大环套小环、互相衔接、互相促进、螺旋式上升的特点。

2. 三阶段控制原理

三阶段控制是指事前质量控制、事中质量控制和事后质量控制，它构成了质量的系统控制过程。

（1）事前质量控制。事前质量控制要求预先编制周密的质量计划，对可能出现的工程质量问题做好预防方案。

（2）事中质量控制。事中质量控制包含自控和监控两大环节。自控是建设工程在质量制度管理下对建设行为的约束，完成预定质量目标任务；监控是参建各方对质量活动过程和结果的监督控制。事中质量控制坚持质量标准是根本，监控是必要的补充，通过监督机制和激励机制相结合的管理方法，以达到质量控制效果。

（3）事后质量控制。事后质量控制是对质量活动结果的评价认定与纠正，对于出现的偏差采取纠正措施，保持工程质量始终处于受控制状态。

3. “三全”控制原理

"三全"控制原理来自全面质量管理 TQC 的思想，指生产企业的质量管理应该是全面、全过程和全员参与。

全面质量控制是指对工程质量、工作质量以及人员质量全面控制，任何一方、任何环节的疏忽或质量责任不到位都会对建设工程质量造成不良影响。全过程质量控制是指根据工程质量的形成规律，从源头抓起、全过程推进，即《质量管理体系 基础和术语》（GB/T 19000—2016）强调的"过程方法"管理原则。全员参与质量控制是指按照全面质量管理的思想，组织内部的每个部门和工作岗位都承担相应的质量管理职能，动员全体员工参与到实施质量方针的系统活动中，发挥各自的作用。

"三全"控制需要根据质量目标制定项目质量管理制度和绩效考核制度，对人员、机具、材料、工艺等要素进行全过程质量管理，确保工程质量满足质量标准和相关方要求。

二、质量控制

质量控制是一个动态的过程，需根据实际情况的变化，采取适当的措施。质量控制需注意有关过程的衔接，例如设计与施工的衔接、施工总承包与分包的衔接、施工与试运行的衔接等。

工程开工前需根据工程合同、工程特点、体量、规模及企业自身经营发展理念等确定项目质量目标，项目质量创优的工程还应符合优质工程申报条件。项目质量创优需注重工程质量控制的事前策划、细部处理、深化设计和技术创新应用，对于制定的施工技术方案、质量控制标准严格执行，进而保证工程质量。

三、质量验收

工程质量验收是质量控制的重要环节，是对已完工的实体按规范标准进行检查检测，确认其是否符合设计及各项验收标准的要求。质量验收包括施工过程的质量验收和竣工质量验收两大块，其中检验批、分项工程、分部工程的验收属于过程验收，单位工程的验收属于竣工验收。

1. 检验批质量验收

检验批是指按同一生产条件或按规定的方式汇总起来供检验使用、由一定数量样本组成的检验体，可根据施工中质量控制和专业验收需要按楼层、施工段、变形缝等进行划分。检验批是工程验收的最小单位，是整个建筑工程质量验收的基础，由监理工程师或建设单位项目技术负责人组织施工单位项目质量负责人进行验收。

2. 分项工程质量验收

分项工程的质量验收在检验批验收的基础上进行，分项工程可由一个或若干检验批组成，分项工程由监理工程师或建设单位项目技术负责人组织施工单位项目质量负责人进行验收。

3. 分部工程质量验收

分部工程的质量验收是在其所含各分项工程验收合格的基础上进行，由总监理工程师或建设单位项目负责人组织施工单位项目负责人和技术、质量负责人等进行验收，项目的勘察单位项目负责人、设计单位项目负责人和施工单位技术、质量部门负责人也应参加相关分部工程验收。

由于分部工程所含的各分项工程性质不同，所以分部工程验收并不是在分项验收基础上的简单相加，还必须在分项验收的基础上对涉及安全和使用功能的工程进行试验或抽样检测，综合给出质量评价。

4. 单位工程质量验收

单位工程完工后，项目技术负责人提出申请，由项目总工程师组织有关人员进行检查自评，自评合格后向建设单位提交工程验收报告，报请建设单位组织设计、勘测、施工、监理单位进行验收。

单位工程质量验收的前提条件是项目全部的分部工程质量均验收合格、主要功能的抽查结果合格、观感质量合格、质量控制资料完整、有关安全和功能的检测资料完整等。单位工程质量验收完毕后，参验各方签署验收意见，验收合格的出具工程质量合格证书。

四、质量缺陷处理

处理工程质量缺陷要以充分、准确的资料作为基础，正确分析缺陷原因，进而形成科学的缺陷处理方案。在建设工程中，不同的工程质量问题有不同的处理策略，总体有不作处理、修补处理、加固处理、返工处理、限制使用和报废处理六种情况。

1. 不作处理

已完工的工程质量问题虽然达不到规定的质量要求或标准，但其情况不严重，对工程或结构的使用及安全影响很小，经过分析、论证，检测单位鉴定和设计单位等认可后可不用处理。

2. 修补处理

当工程某些部分的质量没有达到规范、标准或设计的要求，存在一定的缺陷，经过修补后可以达到规定的标准，又不影响使用功能或外观质量时，可采取修补处理的方法。例如，混凝土结构表面出现蜂窝、麻面等缺陷，经调查分析，采取修补处理后，不会影响建筑使用及整体外观。

3. 加固处理

加固处理主要是针对危及结构承载力、使用年限的质量缺陷处理方法。通过加固处理，使建筑结构恢复或提高承载力，重新满足结构安全性及可靠性的要求，达到能继续使用或改作其他用途的效果。

4. 返工处理

当工程质量缺陷经过修补处理后仍不能满足规定的质量标准要求，或不具备补救可能性，则必须进行返工处理。

5. 限制使用

当工程质量缺陷按修补方法处理后，无法保证达到规定的使用要求和安全要求，而又无法返工处理的情况下，不得已时可做出结构卸载或减载以及限制使用的决定。

6. 报废处理

出现质量事故的工程，通过分析或检验，采取处理措施后仍不能满足规定的质量要求或标准，则必须予以报废处理。

建筑工程
质量管理

项目四　安　全　管　理

工程项目安全管理是工程项目全生命周期中组织安全生产的全部管理活动，通过对生产因素具体状态的控制，使不安全的行为和状态减少或消除，保证建设工程目标实现。安全管理过程中，必须明确安全生产管理目标，贯彻预防为主的方针，坚持全员、全过程、全方位、全天候的动态安全管理原则。

一、安全管理的范围

安全管理的中心问题是保护生产活动中人的安全与健康，进而使生产顺利进行，宏观的安全管理包括相互联系又相互独立的劳动保护、安全技术和工业卫生三个方面。

劳动保护侧重于按照政策、法规、条例制度等进行安全管理，使劳动者的劳动安全与身体健康得到应有的保护。

安全技术侧重于对“劳动手段和劳动对象”的管理，坚持严格按照工程技术规程、安全技术规范、安全生产法规等开展建设活动，减轻或消除对人的安全威胁，预防伤亡事故。

工业卫生侧重于作业环境，预防职业病危害，对建设活动中高温、粉尘、振动、噪声、有毒物重点管理，通过防护、医疗、保健等措施，避免劳动者健康受到威胁。

二、安全管理的措施

1. 建立安全生产责任制

安全生产责任制是指企业对建设项目经理部各级领导、各个部门、各类人员规定的在各自职责范围内对安全生产应负责任的制度，建立安全生产责任制是项目安全的重要保证。

2. 落实安全教育

广泛开展安全生产的宣传教育，落实三级安全教育制度，使全体员工真正认识到安全生产的重要性和必要性，掌握安全生产和文明施工的科学知识。牢固树立安全第一的思想，自觉遵守各项安全生产法律法规和规章制度，把安全知识、安全技能、设备性能、操作规程、安全法规等作为安全教育的主要内容，建立经常性的安全教育考核制度，考核成绩记入员工档案。

对于电工、电焊工、架子工、司炉工、爆破工、机操工、起重工、机械司机等特殊工种工人，除一般安全教育外，还要经过专业安全技能培训，经考试合格持证后方可独立上岗操作。

3. 落实安全技术交底

安全技术交底的主要内容是根据施工方案的要求和工程作业特点及危险源制定具体预防措施，说明安全注意事项及相应的安全操作规程和标准、发生安全事故后应采取的急救措施等。

安全技术交底必须具体明确，针对性强，对潜在的危害和存在的问题要有预见性。优先采用可靠性高的安全技术措施，形成书面文字资料并履行审核签字手续，施工负责人、生产班组、现场安全员三方各保留一份签字记录，对多工种交叉施工的还应定期进行书面交底。

4. 落实安全生产检查

安全生产检查的内容主要包括：查思想、查管理、查隐患、查整改、查伤亡事故处理等。安全生产检查的重点是检查违章指挥、违章作业、违反劳动纪律和安全责任制的落实。安全生产检查后编写安全生产检查报告，对检查中存在的安全隐患，要立即整改，不能立即整改的要制定整改计划，并要求定人、定措施、定经费、定完成期限，在未消除安全隐患前，必须采取可靠的防范措施，如有危及人身安全的紧急险情，应立即停工。应按照“登记—整改—复查—销案”的程序处理安全隐患。

建筑工程
安全管理

项目五　进　度　管　理

建立项目进度管理制度，明确进度管理程序，规定进度管理职责及工作要求。项目进度管理中按照进度计划编制、进度计划交底、进度计划实施、进度控制及进度计划调整等步骤进行管理。

一、进度计划编制

项目进度计划编制主要依据合同文件和相关要求、项目管理规划文件、资源条件、内部与外部约束条件等。各类进度计划应包括编制说明、进度安排、资源需求计划和进度保证措施等主要内容。

进度计划实施前应由负责人向执行者交底，落实进度责任，执行者应制定具体的进度实施内容。

进度计划表达形式主要有里程碑表、工作量表、横道图和网络计划四种，其中横道图和网络计划目前比较常用，它们虽然具有同样的功能，但却有较大的差异。横道图是以横向线条结合时间坐标来表示各项工作的起止时间和先后顺序，整个计划由一系列的横道组成。网络计划是由箭线和节点按照一定规则组成的，加注工作时间参数等信息，用来表示工作流程中有向、有序的网状图形。

1. 横道图

横道图又叫甘特图，它的优点是易于编制、简单明了、直观，因为有时间坐标，各项工序的起止时间、持续时间、总工期以及流水作业状况都能一目了然，所以劳动力、材料需求、机械设备等资源的计算也便于按图叠加。横道图的缺点是不能全面地反映出各项工作之间的逻辑关系，不便进行各种时间参数的计算，不便用计算机进行计算和优化，不利于对施工进度进行管理。

2. 网络计划

网络计划的优点是把工程项目中各有关工作组成了一个有机的整体，能全面而明确地反映出各项工作之间的相互制约关系，可以进行各类时间参数的计算，能在工作繁多、错综复杂的计划中找出影响工期的关键工作和关键线路，便于管理人员抓住主要矛盾，开展有效的进度管控，避免盲目抢工；网络计划通过对各项工作之间机动时间的计算，可以更好地调配人员与机械设备，达到降低成本的目的；在计划执行过程中，当某一项工作因故提前或拖后时，能从网络计划中得到对其后续工作及总工期的影响；可以利用计算机进行计划的编制、计算、优化和调整。网络计划的缺点是流水作业表达不清晰，对一般的网络计划不能利用叠加法计算各种资源的需要量。

目前常用的网络计划有双代号网络计划、单代号网络计划、时标网络计划和搭接网络计划等。

二、进度计划交底

进度计划交底在项目管理中至关重要，它能确保项目团队成员、相关利益者清晰知晓项目进度安排，进而协同工作，保障项目按计划推进。

1. 交底目的

（1）统一认知。让各方对项目进度计划形成一致理解，避免因信息不对称导致工作脱节或误解，明确各阶段任务的开始与结束时间，使不同部门清楚何时需要协作配合。

（2）落实责任。将进度计划中的各项任务明确分配到具体责任人，增强人员责任感，促使其按时完成任务。例如，规定某施工小组负责特定区域的基础建设，明确其在进度计划中的时间节点和工作要求。

（3）促进沟通。为各方搭建沟通平台，提前暴露可能影响进度的问题，便于及时协调解决。例如，施工方与供应商交流物资供应时间，确保材料按时到位，不耽误施工进度。

2. 交底内容

（1）总体进度计划。展示项目从启动到竣工的全流程时间安排，建筑项目中开工、基础完工、主体封顶、竣工验收等重要时间点需清晰呈现。

（2）详细工作任务。分解各阶段工作，说明每个任务的具体内容、工作顺序及相互关系。

（3）资源分配情况。告知工程建设中，各工种施工人员数量、施工设备投入时间及资金使用计划等。

（4）风险与应对措施。分析可能影响进度的风险因素，如恶劣天气、政策变动等，并介绍相应应对策略。

3. 交底方式

（1）会议交底。组织项目团队、相关部门及利益者召开进度计划交底会议，通过 PPT 演示、文档讲解等方式直观呈现进度计划。

（2）书面交底。印发详细的进度计划文档，文字说明、图表等，方便人员深入理解进度计划细节。

（3）线上平台交底。利用项目管理软件、在线文档等平台，上传进度计划及相关资料，方便成员随时查看、评论，实时更新信息，提高沟通效率。

进度计划交底贯穿项目始终，需根据项目进展动态更新内容，持续强化各方对进度计划的理解与执行，确保项目顺利推进。

三、进度计划实施

建设工程进度计划实施是确保项目按时交付、达成预期目标的核心环节，涉及众多复杂且相互关联的工作。

1. 实施前准备

（1）资源筹备与调配。根据进度计划精确计算所需人力，合理安排各工种人员进场时间，建筑材料按计划供应，提前联系供应商，签订合同，保障供应稳定。施工设备，要提前租赁并做好维护保养，保证设备按时投入使用且运行良好。

（2）技术与安全交底。技术负责人向施工团队详细讲解施工图纸、施工工艺及技术标准，确保施工人员清楚每道工序的操作要点。强调施工现场的安全注意事项，如高处作业安全防护、临时用电规范等，为施工安全和质量提供保障。

（3）场地布置与协调。合理规划施工现场，搭建临时办公区、生活区及材料堆放区等，确保施工场地布局合理，不影响施工进度。与周边单位、居民做好沟通协调，提前解决可能出现的噪声扰民、交通影响等问题，为施工创造良好的外部环境。

2. 实施中的推进

（1）施工任务执行。施工人员严格按照进度计划开展各项任务，各施工班组按既定工序依次作业，每个环节都紧密衔接，按照计划时间节点推进。施工过程中，注重施工质量，避免因质量问题导致返工而延误进度。

（2）进度跟踪与记录。建立有效的进度跟踪机制，通过定期的施工现场巡查、每日施工日志记录等方式，实时掌握工程实际进度。绘制进度图，将实际进度与计划进度对比展示，每周对工程进度进行盘点，记录各分部分项工程的完成情况。

（3）协调与沟通管理。施工现场各方需保持密切沟通与协调，定期召开工程例会，及时解决施工中出现的图纸变更、施工交叉作业等问题。同时，施工单位内部各部门之间也要加强沟通，物资供应部门要根据施工进度及时提供材料，避免因材料短缺造成停工。

四、进度控制

进度控制是根据进度计划目标、实施方案和技术要求等，对工程数据进行记录与统计，将实际数据与计划目标对照，分析计划执行情况，必要时采取纠偏措施确保目标实现。

进度控制中将关键线路上的各项工序和主要影响因素作为项目进度控制的重点，对项目进度有影响的相关方进行跟踪记录，制定具有针对性的纠偏措施。对勘察、设计、施工、试运行等不同阶段的进度管理，关键是确保各工序的紧密衔接，加强各阶段的协调配合，同时确保工程质量，避免返工。

为了确保建设项目进度目标的实现，进度控制的措施主要包括组织措施、技术措施、经济措施及合同措施四个方面。

1. 组织措施

组织措施主要包括建立进度控制目标体系，明确建设工程现场监理组织机构中进度控制人员及其职责分工，建立工程进度报告制度及进度信息沟通网络，建立进度计划审核制度和进度计划实施中的检查分析制度，建立进度协调会议制度，包括协调会议举行的时间、地点，协调会议的参加人员等，建立图纸审查、工程变更和设计变更管理制度。

2. 技术措施

审查承包商提交的进度计划，使承包商能在合理的状态下施工，编制进度控制工作细则，指导监理人员实施进度控制，采用网络计划技术及其他科学适用的计划方法，并结合计算机的应用，对建设工程进度实施动态控制。

3. 经济措施

经济措施主要包括及时办理工程预付款及工程进度款支付手续，对应急赶工给予优厚的赶工费用，对工期提前给予奖励，对工程延误收取误期损失赔偿金。

4. 合同措施

合同措施主要包括加强合同管理，协调合同工期与进度计划之间的关系，保证合同中进度目标的实现，严格控制合同变更，对各方提出的工程变更和设计变更，监理工程师应严格审查后再补入合同文件之中，加强风险管理，在合同中应充分考虑风险因素及其对进度的影响，以及相应的处理方法，加强索赔管理，公正地处理索赔。

五、进度计划调整

项目管理人员应根据进度管理报告提供的信息，纠正进度计划执行中的偏差，及时对进度计划进行变更调整。

项目管理人员明确进度计划变更风险，在进度计划变更前制定组织措施、技术措施、经济措施和合同措施，做好沟通协调，以保证纠偏后的计划能顺利执行。当采取变更措施后仍不能实现原目标时，项目部应变更进度计划，并报原计划审批部门批准。

1. 进度计划调整原则

进度计划执行过程中，不同工艺、施工组织形式对工作持续时间、费用和资源投入均有不同要求，在进度计划调整中须遵守一定原则。

（1）总目标不变原则。调整不能影响项目的总工期等总体目标，确保项目最终能按预定要求交付。

（2）先分析后调整原则。先深入分析进度偏差产生的原因、影响程度等，再确定合理的调整方案，避免盲目调整。

（3）关键线路优先原则。优先调整关键线路上的工作，以有效控制总工期，若关键线路上工作延误，应重点采取措施。

（4）资源匹配原则。调整要考虑资源的供应情况和合理利用，使资源与工作进度相匹配，避免资源冲突或浪费。

（5）成本最低原则。在满足进度要求的前提下，使调整带来的成本增加最小。

2. 进度计划调整方法

当实际进度偏差影响到后续工作和总工期而需要调整进度计划时，其调整方法有两种。

（1）改变部分工序的逻辑关系。当工程项目实施中产生的进度偏差影响到总工期，且有关工作的逻辑关系允许改变时，可以改变关键线路和超过计划工期的非关键线路上的工作逻辑关系，达到缩短工期的目的。

（2）缩短部分工序的持续时间。缩短部分工序的持续时间是不改变工程项目中各项工作之间的逻辑关系，而通过增加资源投入、提高劳动效率等措施缩短工序的持续时间，使工程进度加快，以保证按计划工期完成该工程项目。被压缩持续时间的工作是位于关键线路和超过计划工期的关键工作。

进度计划

项目六　成　本　管　理

项目成本管理是在保证工程质量、工期等合同要求的前提下，通过计划、组织控制和协调等实现预定的成本目标，并尽可能地降低成本费用的一种科学管理活动。成本管理的内容很广泛，贯穿于项目管理活动的全过程，从项目招投标开始直至竣工验收，每个环节都离不开成本管理工作。

一、成本控制原则

项目成本控制是在项目实施过程中对人员、材料、设备投入进行管控，同时严格控制施工质量，对成品进行保护，并采取措施确保项目成本目标的实现。

1. 节约原则

节约原则就是加强对项目中人力、资源和成本的控制，减少浪费，节约不是消极的限制与监督，而是要着眼于成本的事前预测，优化施工方案及加强过程控制，在实施过程中经常检查是否存在偏差，若存在偏差及时采取纠偏措施，并提高项目的科学管理水平。

2. 全面控制原则

全面控制原则包括全员控制和全过程控制两个方面。全员控制中认为成本控制涉及项目组织中的所有部门、班组和员工，并与每一个员工的切身利益相关，因此，应充分调动各个部门、班组和每一个员工控制成本、关心成本的积极性，真正树立起全员控制的观念。全过程控制中认为项目成本的发生从施工准备开始，经施工过程至竣工移交后的保修期结束，涉及项目的全生命周期，因此，成本控制工作要伴随项目的各个阶段，每个阶段都要遵守设计要求和技术规范，并充分利用现有资源，控制施工成本支出，减少工程返工费和工程移交后的保修费用。

3. 目标控制原则

目标控制原则是成本管理活动的基本技术和方法，它是把计划方针、任务、目标和措施等逐一分解并落实到部门、班组甚至个人。目标控制中的责任要全面，做到责、权、利相结合，对责任部门业绩进行检查和考评并同其工资、奖金相关联，做到奖罚分明，保证目标成本的实现。

4. 动态控制原则

成本控制是在不断变化的环境下进行的管理活动，所以必须坚持动态控制的原则。收集项目实施过程中投入的劳动力、材料、机械设备等成本发生的实际值，将其与目标值相比较，检查有无偏离，若无偏差则继续执行，否则找出具体原因，采取相应措施。

二、成本管理任务

成本管理就是要在保证建设项目安全、质量、工期、环保等满足要求的情况下，采取包括组织措施、技术措施、经济措施、合同措施等相关管理措施，把成本控制在计划范围内，并进一步寻求最大限度节约成本。成本管理的任务和环节主要包括成本预测、成本计划、成本控制、成本核算、成本分析和成本考核六个环节。

1. 成本预测

成本预测是根据成本信息和项目具体情况，运用一定的方法，对未来的成本水平及其可能发展的趋势作出科学的估计，比较近期已完工项目或将完工项目的成本，分析这些因素对工程成本的影响程度，预测出工程的单位成本或总成本。通过项目成本预测，可以在满足项目业主和企业要求的前提下，选择成本低、效益好的最佳方案，并能够在项目成本形成过程中针对薄弱环节加强成本控制，克服盲目性，提高预见性。

2. 成本计划

成本计划是建立项目成本管理责任制，开展成本控制和成本核算的基础。一般来说，一个项目的成本计划应包括从开工到竣工所必需的全部成本内容，是项目成本控制的指导文件，是设立目标成本的依据。

3. 成本控制

成本控制是指在工程建设过程中，对影响项目成本的各种因素加强管理，并采取有效措施将项目中实际发生的各种消耗和支出严格控制在成本计划范围内，随时揭示成本管理中存在的问题并及时反馈给责任部门，严格审查各项费用是否符合标准，对比分析实际成本和计划成本之间的差异，进而采取降低项目成本的措施。

4. 成本核算

成本核算包括两个部分：一是按照规定的成本开支范围对施工费用进行汇集和分配，计算出项目费用的实际发生额；二是根据成本核算对象，计算出项目的总成本和单位成本。项目成本核算所提供的成本信息是后续成本预测、成本分析和成本考核的依据。

成本核算一般以单位工程为核算对象，但也可以按照项目的规模、工期、结构类型、施工组织和现场施工等情况，结合成本管理要求、灵活划分成本核算对象。

5. 成本分析

成本分析是在成本核算的基础上，对成本的形成过程和影响成本升降的因素进行分析，以寻求进一步降低成本的途径，主要包括有利因素的挖掘和不利偏差的纠正。成本分析贯穿于项目成本管理的全过程，是在成本的形成过程中利用成本核算资料与目标成本、预算成本以及类似项目的实际成本等进行比较，了解成本的变动情况，同时也分析主要技术经济指标对成本的影响，系统地研究影响成本变动的因素，检查成本计划的合理性，并通过成本分析，深入揭示成本变动的规律，寻找降低项目成本的途径，以便有效地进行成本控制。对成本偏差的控制，分析是关键，纠偏是核心。

6. 成本考核

成本考核是指在项目完成后，对项目成本形成中的各责任者按项目成本目标责任制的有关规定，将实际成本与计划成本、定额等进行对比和考核，评定项目成本计划的完成情况和各责任者的业绩，并以此给予相应的奖励和处罚。通过成本考核，做到赏罚分明，达到有效地调动每一位员工在各自职责中完成目标成本的积极性，达到降低项目成本和提升项目成本管理水平的目的。

成本管理的每一个环节都是相互联系和相互作用的，成本预测是成本决策的前提，成本计划是成本决策目标的具体化和成本控制的关键，成本核算是对成本计划是否实现的检验，成本考核是实现目标成本责任制的保证和实现决策目标的重要手段。

三、成本分析方法

成本分析一般选用挣值分析，挣值分析是一种项目跟踪、项目状态评估的分析技术，其核心内容是将工作量、进度量化为价值，使管理者可以客观准确地计算工作完成的百分比，分析整个项目相对于基准计划的绩效。挣值分析的结果可以显示出项目完成时的成本和时间上的偏差。

1. 三个基本参数

（1）已完工作预算费用。已完工作预算费用（BCWP），是指某一时间已完成的工作按照预算标准所需的资金总额。建设方根据此金额为承包人支付相应的费用，即承包人获得（挣得）的金额。已完工作预算费用等于已完成工作量乘以预算单价。

（2）计划工作预算费用。计划工作预算费用（BCWS），即根据进度计划，在某一时刻应当完成的工作以预算为标准所需的资金总额。计划工作预算费用等于计划工作量乘以预算单价。

（3）已完工作实际费用。已完工作实际费用（ACWP），即到某一时刻为止，已完成的实际工作所花费的总金额。已完工作实际费用等于已完成工作量乘以实际单价。

2. 四个评价指标

（1）费用偏差。费用偏差（CV）是已完工作预算费用（BCWP）与已完工作实际费用（ACWP）的差值。CV 为负值时，表示项目超出预算费用；CV 为正值时，表示项目运行节支，实际费用没有超出预算。

（2）进度偏差。进度偏差（SV）是已完工作预算费用（BCWP）与计划工作预算费用（BCWS）的差值。SV 为负值时，表示进度延误；SV 为正值时，表示进度超前。

（3）费用绩效指数。费用绩效指数（CPI）是已完工作预算费用（BCWP）与已完工作实际费用（ACWP）的商。当 CPI＞1 时，表示节支，即实际费用低于预算费用；当 CPI＜1 时，表示超支，即实际费用高于预算费用；当 CPI＝1 时，表明实际费用与预算费用相等，项目成本按计划执行。

（4）进度绩效指数。进度绩效指数（SPI）是已完工作预算费用（BCWP）与计划工作预算费用（BCWS）的商。当 SPI＞1 时，表示进度提前，即实际进度比计划进度快；当 SPI＜1 时，表示进度延误，即实际进度比计划进度拖后。

在实际建设项目中，最理想的状态是已完工作实际费用（ACWP）、计划工作预算费用（BCWS）、已完工作预算费用（BCWP）三条曲线靠得很近、平稳上升，此时项目按预定计划进行，如果三条曲线离散度不断增加则预示项目具有较大变化。

3. 成本偏差分析

成本偏差分析常用的方法有横道图法、表格法和曲线法。

（1）横道图法。横道图法进行项目成本偏差分析，是利用不同的横道表示已完工程计划成本、拟完工程计划成本和已完工程实际成本，通过对比得到项目成本情况，横道图的长度与金额成正比。

横道图法具有形象、直观、一目了然等优点，能够准确表达出成本的绝对偏差，而且能直接看出偏差的严重性。但横道图法反映的信息量较少，一般应用不多。

（2）表格法。表格法是进行偏差分析最常用的一种方法。表格法是将项目编号、名称、成本参数以及成本参数偏差综合归纳入一张表格中，能直接在表格中进行比较。由于表格法的各偏差参数都在表中列出，使得成本管理者能够全面了解项目成本情况。

表格法具有灵活、适用性强的特点，可根据实际需要设计表格。表格可以反映偏差分析所需的资料，有利于成本管理人员及时采取针对性措施。表格处理可借助计算机，能节约大量数据处理所需的工作量，提高工作效率。

（3）曲线法。曲线法是用成本累积曲线来进行成本偏差分析的一种方法。在用曲线法进行成本偏差分析时要确定成本计划值曲线，由于成本计划值曲线是与确定的进度计划相联系，因此引入已完工作实际费用（ACWP）曲线、计划工作预算费用（BCWS）曲线和已完工作预算费用（BCWP）曲线，考虑建设项目实际进度的影响。已完工作预算费用（BCWP）曲线与已完工作实际费用（ACWP）曲线的竖向距离表示施工成本偏差，已完工作预算费用（BCWP）曲线与计划工作预算费用（BCWS）曲线水平距离表示进度偏差。曲线法具有形象、直观的特点，但这种方法很难直接用于定量分析，一般是对定量分析起一定的指导作用。

四、成本计划类型

对于建设项目而言，成本计划的编制是循序渐进的过程，不同阶段形成作用不同的成本计划，成本计划按照形成的时间和作用可分为竞争性成本计划、指导性成本计划和实施性成本计划三类。

1. 竞争性成本计划

竞争性成本计划是工程项目投标及签订合同阶段的估算成本计划。这类成本计划是以招标文件中的合同条件、投标须知、技术规程、设计图纸或工程量清单等为依据，以有关价格条件说明为基础，结合调研和现场考察获得的资料，根据本企业的工料消耗标准、水平、价格资料和费用指标，对本企业完成招标工程所需要支出的全部费用的估算。在投标报价过程中，竞争性成本计划虽然着力考虑降低成本的途径和措施，但总体上较为粗略。

2. 指导性成本计划

指导性成本计划是选派项目经理阶段的预算成本计划，是项目经理的责任成本目标。它是以合同标书为依据，按照企业的预算定额标准制定的预算成本计划，一般情况下是确定责任总成本指标。

3. 实施性成本计划

实施性成本计划是项目准备阶段的预算成本计划。它以项目实施方案为依据，以落实项目经理责任目标为出发点，采用企业的施工定额，通过施工预算编制形成的实施性成本计划。实施性成本计划又可按成本组成、子项目组成、工程进度分别编制成本计划。

成本计划中，竞争性成本计划具有战略性质，是项目投标阶段商务标的基础，奠定了项目成本的基本框架，指导性成本计划和实施性成本计划都是战略性成本计划的进一步展开和深化。

五、成本控制步骤

确定了施工成本计划之后，必须定期进行施工成本计划值与实际值的比较，当实际值偏离计划值时，分析产生偏差的原因，采取适当的纠偏措施，以保证项目成本控制目标的实现。成本控制步骤主要包括成本比较、成本分析、成本预测、成本纠偏和成本检查五步。

1. 成本比较

将项目成本计划值与实际值逐项进行比较，判断项目成本是否已超过计划值。

2. 成本分析

在比较的基础上，对比较结果进行分析，以确定偏差的严重性及偏差产生的原因，这是项目成本控制工作的核心，其主要目的在于找出偏差原因，从而采取针对性的措施，减少或避免类似问题的发生或损失。

3. 成本预测

成本预测是根据项目实施情况估算整个项目完成时的成本，为决策提供依据。

4. 成本纠偏

当工程项目实际实施中成本出现了偏差，应当根据工程的具体情况、偏差分析和预测结果，采取适当的措施，尽量减少施工成本偏差。纠偏是施工成本控制中具有实质性的一步，通过纠偏最终达到有效控制项目成本的目的。

5. 成本检查

成本检查是对工程的进展进行跟踪和检查，及时了解工程进展情况以及纠偏措施执行情况和效果，保证后续工序正常进行。

六、成本管理措施

为了取得理想的成本管理效果，要从多方面采取措施实施管理，主要有组织措施、技术措施、经济措施和合同措施。

1. 组织措施

组织措施是其他各类措施的前提和保障，一般不需要增加额外费用，运用得当可以收到良好的效果。

组织措施的另一方面是编制项目成本控制计划，确定合理详细的成本控制流程。做好项目采购规划，通过生产要素的优化配置、合理使用、动态管理等措施，有效控制实际成本。加强项目管理，优化项目调度，避免因项目计划不周和盲目调度造成由窝工损失、机械利用率降低、物料积压等带来的项目成本增加。

2. 技术措施

技术措施不仅在项目成本管理过程中不可或缺，也在纠正项目成本管理目标偏差中具有重要作用，是实施纠偏的关键。

先进施工技术、新材料、新设备的应用能提高生产效率，降低成本，但在实践中也要避免仅从技术角度选定方案而忽视对其经济效果的分析论证。

3. 经济措施

经济措施是最容易采取的措施，管理人员根据资金使用计划，确定项目各个阶段的成本管理目标，对成本管理目标进行风险分析，并制定防范措施。建设工程中的支出项目应做好资金使用计划，并严格控制各项开支，及时准确地记录、收集、整理、核算实际发生成本。对建设项目中的变更及时做好账务记录，落实业主签证，及时结算工程款。通过偏差分析和未完工工程预测，发现一些可能引起成本增加的潜在问题，对这些问题进行主动控制，及时采取预防措施。

4. 合同措施

合同措施管控项目成本贯穿于整个合同周期。首先，选用合适的合同结构，在合同谈判时争取选用适合于本工程规模、性质和特点的合同结构模式；其次，在合同条款中仔细考虑一切影响成本和效益的因素，特别是潜在风险因素，并采取必要的风险对策，并最终将策略反映在合同的具体条款中；最后，在合同执行期间，合同管理的实施措施既要密切注视对方执行合同的情况，以寻求合同索赔的机会，又要密切关注自己履行合同的情况，防止被对方索赔。

项目七　风　险　管　理

风险是指由某种不确定的原因所引起的总体实际价值与预期价值之间的差异。风险具有客观性、可变性、普遍性和多样性的特征。

一、风险分析

工程项目风险分析的过程主要包括风险管理规划、风险识别、风险估计、风险评价、风险应对和风险监控六步。

1. 风险管理规划

风险管理规划是规划和设计如何进行项目风险管理，该过程包括定义项目组织及成员风险管理的行动方案及方式，选择合理的风险管理方法，确定风险判断的依据等。

2. 风险识别

管理风险必须先识别风险，即对风险的严重程度及可能造成的损失认真估计。风险一般隐蔽于工程建设的各个环节，难以发现，有些还具有一定的迷惑性。通过研究风险事件发生的频率可以摸索出一定的规律，衡量其风险的大小。辨识风险是一项复杂而细致的工作，应按照一定的程序、步骤，采用先进的方法按阶段、逐层次分析各种现象，并实事求是地作出估计。

3. 风险估计

风险估计就是估计风险的性质、事件发生的概率及其后果，以减少项目计量的不确定性。风险估计有客观和主观两种，客观的风险估计以历史数据和资料为依据，主观的风险估计无历史数据和资料参考，一般依靠工程人员的经验。

4. 风险评价

风险评价是对各风险事件的后果进行评价。在风险评价过程中管理人员要考虑各种可能后果，判断预测能否被决策者所接受。

风险评价有定量评价法和定性评价法两种，进行风险评价时要提出防止、减少、转移或消除风险损失的初步办法。在项目管理过程中风险识别、风险估计和风险评价是相互关联的，需要反复交替进行。

5. 风险应对

风险应对就是对项目风险提出处置意见和方法，从降低风险发生概率、减少风险后果损失以及改变风险后果性质三个方面提出应对策略。

6. 风险监控

风险监控是查明风险决策的结果是否与预期一致，同时发现风险管理计划的不足或漏洞，加强与决策者的沟通，将信息反馈给决策者，以便及时预防风险，同时完善风险监控措施。

二、风险识别方法

建设工程中常用的风险识别方法主要有德尔菲法、头脑风暴法、核查表法、情景分析法、流程图法和故障树分析法六种。

1. 德尔菲法

德尔菲法进行项目风险预测和识别是由项目风险小组选定与该项目领域相关专家，并与这些适当数量的专家建立直接的函询联系，收集专家意见，然后再将专家意见匿名处理后交叉反馈给其他专家，再次征询专家意见，这样经过四至五轮意见交换，逐步使专家的意见趋向一致，最后作为风险预测和识别的根据。

2. 头脑风暴法

头脑风暴法是在专家小组内进行的以“宏观智能结构”为基础，通过专家会议发挥专家创造性思维来获取未来信息的一种直观预测方法。这就要求主持专家会议的人员在会议开始时的发言能激起专家的思维“灵感”，通过专家之间的信息交流和相互启发，从而引发专家们产生“思维共振”，以达到互相补充并产生组合效应，获取更多的信息，使风险预测和识别的结果更准确。

头脑风暴法的速度比较快，提出的风险因素比较全面，能够相互补充。但要求会议主持人员准备充分，能够充分调动与会人员的积极性。

3. 核查表法

工程项目管理中将风险因素、成功经验和失败教训归纳、总结成表格，然后与目前工程项目中的建设环境、工程特点、建设管理现状等作比较，对照以往经验预测目前工程可能存在的风险。

4. 情景分析法

情景分析法是根据项目发展趋势的多样性，通过对系统内外相关问题的分析，构造出多重情景，提出项目实施中的多种可能结果，以便采取适当措施防患于未然。对于持续时间较长的项目，往往要综合考虑各种技术、经济和社会因素的影响，此时就可以用情景分析法预测和识别关键风险因素，并判断其影响程度。

5. 流程图法

流程图是项目风险识别时常用的工具，通过流程图可以了解项目风险所处的具体环节及各环节间的风险因素，进而分析风险影响的大小。

6. 故障树分析法

故障树分析法是通过对可能影响项目的外部条件、材料、工艺、设备等进行分析，从而确定项目风险出现的各种可能组合方式和发生概率。

三、风险控制对策

1. 风险回避

风险回避即断绝风险的来源，这种做法避免了可能遭受损失的风险，同时也放弃了投资获利的可能。这种方法一般适用于项目风险造成的损失大、发生频率高或应用其他风险防范对策代价大、得不偿失的情况。

2. 风险控制

风险控制是针对可控性风险采取的防止风险发生、减少风险损失的对策，是绝大部分项目应对风险的主要措施。

风险控制中需要针对项目具体情况提出既可以内部采取措施管控风险，也可以外部采取转移等方式分散风险，以达到对风险控制的目的。

3. 风险转移

风险转移是将项目业主可能面临的风险转移给他人承担，以避免风险损失的一种方法。风险转移有两种方式，一种是将风险源转移，另一种是把部分或全部风险损失转移到外部。

4. 风险自留

风险自留是指将风险损失留给自己。一种情况是已知有风险，但由于可能获利而需要冒险，必须保留和承担的风险；另一种情况是已知有风险，其风险预防费用支出大于自担风险损失，通常适用于风险损失小、发生频率高的风险。

5. 风险减轻

风险减轻是设法将某一风险事件的概率或其后果降低，达到一种可以承受的程度。风险减轻的措施一般包含加强技术论证、改善环境条件、增加投入、延长工期等措施。

6. 风险利用

风险利用是充分利用能够给项目带来积极影响的风险，目的是提高实现项目目标的概率。如面对建材价格波动风险，若提前研判价格走势，低价囤货，就能降低成本。或是在新技术应用风险里，率先掌握并优化，借此提升竞争力，通过精准把握风险积极面，实现工程效益最大化。

巩固与提升

1. 项目管理的方法有哪些？
2. 建设工程合同管理的内容主要有哪些？
3. 工程项目进行进度控制的措施有哪些？
4. 成本控制主要有哪几个步骤？
5. 风险控制对策有哪些？

拓展阅读

贝聿铭

贝聿铭，1917 年 4 月 26 日出生于广东广州，祖籍江苏苏州，美籍华人建筑师，美国艺术与科学院院士，中国工程院外籍院士，被誉为“现代建筑的最后大师”。2019 年 5 月 16 日逝世。

贝聿铭深受中国传统文化熏陶，尤其是中国美学，不管是建筑风格上还是建筑理念上他都使中国风吹遍全世界。他不仅是杰出的建筑科学家，用笔和尺设计了许多华丽的宫殿，更是极其理想化的建筑艺术家，善于把古代传统的建筑艺术和现代新技术融于一体，从而在建筑设计中创造出自己独特的风格。

贝聿铭作品以公共建筑、文教建筑为主，善于运用钢材、混凝土、玻璃与石材的材料，代表作品有香山饭店、苏州博物馆新馆、卢浮宫玻璃金字塔、德国历史博物馆新翼、肯尼迪图书馆、香港中银大厦等。

建筑界人士普遍认为贝聿铭的建筑设计有三个特色：一是建筑造型与所处环境自然融合；二是空间处理独具匠心；三是建筑材料考究和建筑内部设计精巧。

贝聿铭自己说："建筑和艺术虽然有所不同，但实质上是一致的，我的目标是寻求二者的和谐统一。"

模块十　土木工程的未来

思政目标：通过本模块的学习，激发学生科技报国的家国情怀和使命担当，传递绿色发展理念。

知识目标：了解土木工程的发展趋势，了解建筑工业化的特征，了解绿色建筑的内涵，了解 BIM 技术的发展概况，掌握建筑信息化的主要内容，掌握建筑工业化的基本内容，掌握绿色建筑的评价方法。

能力目标：能够进行建设工程中简单的信息化管理，能够依据工程实际初步制定建筑工业化实施方案，能够识别绿色建筑并进行评价。

素质目标：学生能树立和践行绿水青山就是金山银山的理念，能与时俱进。

项目一　建设工程多方位拓展

20 世纪 90 年代以来，我国土建行业飞速发展，取得了辉煌的成就。一方面体现在道路交通设施、铁路交通设施、水利设施、矿山建设及超高层建筑等领域，完成了一系列设计理念超前、科技含量高、施工难度大、令世界瞩目的重大工程；另一方面体现在建筑业的产业规模逐年扩大，成为国民经济的支柱产业。

我国土建行业在高速发展的同时也存在不符合可持续发展战略、不符合现代产业发展要求、不符合信息时代管理模式发展方向的缺陷，土建行业高速发展中存在的一系列问题已引起了国家的高度重视。21 世纪以来，国务院及国家发展和改革委员会、住房和城乡建设部等陆续颁布了一系列针对土建行业改革的相关政策文件，大力推行绿色土建工程，在促进土建行业可持续发展的同时也向多方位拓展。

一、地下空间开发利用

城市地下空间的开发利用已经历经了 300 余年，从浅层利用到大规模开发，从解决城市问题到提升城市竞争力，空间资源的集约复合利用已经被视作支撑城市现代化持续发展的标准范式。截至 2019 年底，中国城市地下空间发展综合实力排名在前 10 位，地下空间产业体系已显示出强大的市场潜力，这将是今后建设工程重点突破的方向。

二、海洋开发利用

海洋占据了地球面积的约 70%，为了缓解日益增长的人口压力及快速扩张的城市化需求，海洋成了建设工程重点开发的领域。海上风电项目蓬勃发展，在沿海地区矗立起大片风机，将海风转化为电能。跨海大桥不断延伸，如港珠澳大桥，连接起三地，促进区域经济融合。海洋石油平台开采深海油气资源，为能源供应提供支撑，众多海洋工程建设正开启人类探索海洋、利用海洋的新篇章。

三、荒漠开发利用

全世界约有 1/3 的陆地是沙漠和荒漠，若能有效地控制和治理，将极大地缓解人口压力，为争取更多的土地利用空间，对沙漠的改造在未来将不可忽视。在缺乏地下水的沙漠地区，学者们正在研究开发使用沙漠地区太阳能淡化海水的方案，改善沙漠环境，将沙漠改造成适合人类生活、居住、发展的场所。

四、太空开发利用

从嫦娥奔月的神话故事，到 2021 年 10 月 16 日 0 时 23 分长征二号 F 遥十三运载火箭运送 3 名航天员在太空执行任务 6 个月，再到 2022 年 11 月 3 日空间站梦天实验舱顺利转位，中国空间站“T”字基本构型在轨组装完成，都记载着人类向太空迈进的梦想、探索与实践。地球资源有限，随着社会发展需要，一些重要能源在逐渐枯竭，人类需要考虑前往太空寻找资源。随着空间站和月球基地的建立，人类不断向太空探索，或许在不久的将来可以向太空移民。

五、高性能材料的发展

高层、超高层建筑以及大跨度结构建筑的兴建，使得土木工程对材料的强度要求越来越高。同时，在土木工程中，人们又希望材料质地轻盈，以减少地基处理深度或削弱地震对建筑物的破坏。

钢材将朝着高强及良好塑性、韧性和可焊性方向发展，日本、美国、俄罗斯等国家已经把屈服点为 700 kPa 以上的钢材列入了规范。高性能混凝土及其他复合材料也将向着轻质、高强、良好韧性和工作性方面发展。国内对于塑性混凝土的研究取得了一定进展，后期的建设工程中仍需要继续研究塑性混凝土，并将其应用于工程实际。

项目二　建筑信息化

计算机技术、智能化技术在工业、农业、运输业和军事工程等各行各业中得到了越来越广泛的应用，土木工程也不例外，将这些高新技术应用于土木工程将是今后很长一段时间内的重要发展方向。

近年来，新技术的发展为建筑信息化创造了技术基础，随着建筑信息模型（Building Information Modeling，简称 BIM）技术、云计算、大数据、物联网、人工智能、5G 等新技术在建筑行业的应用，建筑业也在进行转型升级。高精度勘探技术大幅度提高了勘察精度，为后期建设活动提供了准确信息，能减少工程变更，保证工程进度，节约成本；新一代 BIM 技术与项目精细化管理相结合，提供可视化、全维度的管理手段；数字化协同和移动互联技术实现办公室人员及现场人员的无纸化办公；物联网和通信技术的迭代提高了建筑业采集、处理、分析数据的效率，实现生产效率的大幅提升。诸多新技术的应用为实现建筑业信息化带来了可能。

一、建筑信息化的背景

建筑信息化概念于信息技术革命后的 1975 年由美国首次提出，从国外建筑业信息化发展历程来看，未来几年呈现以下趋势：一是建设工程行业软件工具的应用将更为广泛；二是行业发展促使建筑企业对工程项目建设实施全过程信息化管理；三是建设工程行业的信息收集与数据分析将依托网络平台等实现发展，从而为建筑企业的信息化经营决策提供有力支撑。

《2003—2008 年全国建筑业信息化发展规划纲要》中指出，我国要运用信息技术实现建筑业跨越式发展。建筑信息化发展阶段依次是“手工、自动化、信息化、网络化”。2000 年的“甩图板运动”使计算机辅助设计（Computer Aided Design，简称 CAD）技术实现了从手工到自动化的革命，2008 年参与“水立方”建设的 BIM 技术开启了我国从自动化到信息化的转变，我国目前处于 BIM 技术的推广应用阶段，即从自动化向信息化转变的阶段。

《2016—2020 年建筑业信息化发展纲要》中指出，全面提高建筑业信息化水平，着力增强 BIM、大数据、智能化、移动通讯、云计算、物联网等信息技术集成应用能力，建筑业数字化、网络化、智能化取得突破性进展，初步建成一体化行业监管和服务平台，数据资源利用水平和信息服务能力明显提升，形成一批具有较强信息技术创新能力和信息化应用达到国际先进水平的建筑企业及具有关键自主知识产权的建筑业信息技术企业。

《“十四五”建筑业发展规划》中指出，要从完善智能建造政策和产业体系、夯实标准化和数字化基础、推广数字化协同设计、大力发展装配式建筑、打造建筑产业互联网平台、加快建筑机器人研发和应用以及推广绿色建造方式方面加快智能建造与新型建筑工业化协同发展。

信息技术在我国建筑行业的应用水平相对比较落后，行业内部习惯运用原来的理念、方法进行建设工程活动，对于现代化新技术的应用动力不足，在国内的应用主要依靠国家政策推动。但是随着中国建筑业全球化、城市化进程的发展以及可持续发展的要求，建筑企业应用 BIM 技术对建筑全生命周期进行全方位管理，是实现建筑信息化跨越式发展的必然趋势。

二、建筑信息化的主要内容

1. 企业信息化

探索“互联网 +”形势下建筑管理与施工的新模式，深入研究 BIM、物联网技术等的创新应用，创新商业模式，增强核心竞争力，实现跨越式发展。

1）勘察设计类企业信息化

在工程项目勘察中，推进基于 BIM 技术的数值模拟、空间分析和可视化表达，尝试构建支持异构数据和多种采集方式的工程勘察信息数据库，实现工程勘察信息的有效传递和共享。在工程项目策划、规划及监测中，集成应用 BIM 技术、地理信息系统（Geographic Information System，简称 GIS）技术、物联网技术等，对相关方案及结果进行模拟分析及可视化展示。在工程项目设计中，使用 BIM 技术进行设计方案的性能模拟分析、优化、绘图与审查等，进行成果交付和可视化沟通，提高设计质量。

推广基于 BIM 技术的协同设计，开展多专业之间的数据共享和协同，优化设计流程，提高设计质量和效率。研究开发基于 BIM 技术的集成设计系统及协同工作系统，实现建筑、结构、水暖电等专业的信息集成与共享。

2）施工类企业信息化

在施工现场配置互联网基础设施，广泛使用无线网络及移动终端，实现项目现场与企业公司的互联互通，强化信息安全，完善信息化运维管理体系，保障设施及系统稳定可靠运行。

建立基于 BIM 技术的项目管理信息系统，开展施工阶段的 BIM 技术基础应用，探索 BIM 技术条件下的施工管理模式和协同工作机制。利用第三方电子商务系统，开展物资设备采购和劳务分包，降低成本。开展 BIM 技术与物联网、云计算、3S（遥感 RS、地理信息系统 GIS、全球定位系统 GPS 的统称）等技术在施工过程中的集成应用研究，建立施工现场管理信息系统，创新施工管理模式和手段。

3）工程总承包类企业信息化

探索政府和社会资本合作（Public－Private Partnership，简称 PPP）等工程总承包项目的信息化管理模式，利用新技术实现设计管理、采购管理、施工管理、企业管理等信息系统的集成与应用，逐步建立适应国际工程的估算、报价、费用及进度管控体系。

开展工程总承包项目多方协同工作模式探索，建立并应用基于互联网的协同工作系统，实现工程项目参与方之间的高效协同与信息共享。制定基于 BIM 技术的工程总承包项目成果交付标准，实现从设计、施工到运行维护阶段的数字化交付和全生命周期信息共享。

2. 行业监管与服务信息化

1）建筑市场监管信息化

建立基于互联网的建筑企业、从业人员基本信息及诚信信息的共享模式与方法，完善行业诚信管理信息系统，实现企业、从业人员诚信信息和项目信息的集成化信息服务。加强招投标管理，应用大数据技术识别围标、串标等不规范行为，保证招投标过程的公正、公平。

推进信息技术在劳务实名制管理中的应用。基于物联网、大数据和位置服务等技术建立全国建筑工人信息管理平台，并与诚信管理信息系统进行对接，实现深层次的劳务人员信息共享。引进人脸识别（图 10－1）、指纹识别、虹膜识别等技术，并在工程现场劳务人员管理中应用，实现与工程现场劳务人员安全、职业健康、培训等信息联动。

图 10－1　人脸识别门禁

2）工程建设监管信息化

（1）数字化成果交付。建立建筑设计数字化成果交付、审查及存档系统，探索基于BIM技术的数字化成果交付、审查和存档管理方法，逐步实现数字化审图工作，完善工程竣工备案管理信息，探索基于BIM技术的工程竣工备案模式。

（2）工程质量安全信息化管理。构建基于BIM、大数据、智能化、移动通信、云计算等技术的工程质量、安全监管模式，对工程实体质量和工程建设、勘察、设计、施工、监理和质量检测单位的行为监管信息进行采集，实现工程竣工验收备案、建筑工程五方责任主体项目负责人等信息共享，保障数据可追溯，提高工程监管水平。对工程现场人员、机械设备、临时设施等安全信息进行采集和汇总分析，实现施工企业、人员、项目等安全监管信息互联共享，提高施工安全监管水平。

（3）现场环境、能耗和建筑垃圾信息化监管。利用物联网、大数据等技术，建立环境监测、能耗分析、垃圾管理的动态监控系统，实现对工程现场空气、粉尘、用水、用电等的实时监测，同时对建筑垃圾计量、跟踪、结算等数据实时监控，提升绿色建造水平，如图10－2所示。

图10－2　施工现场环境监测

3）重点工程信息化

推进BIM、GIS等技术在综合管廊、海绵城市建设、城市轨道交通及地下空间开发等建设中的应用，应用BIM技术、虚拟现实技术等开展规划、设计及施工模拟。推动参建各方共享多维建筑信息模型，基于云计算、大数据等手段进行运营管理。

3. 专项信息技术应用

1）大数据技术

建立建筑业大数据应用框架，统筹数据资源和社会数据资源，构建大数据应用系统，推进公共数据资源向社会开放。汇聚整合建筑企业、项目、从业人员和信用信息等相关大数据在建设项目中的应用，推进数据资产管理，同时规范大数据采集、传输、存储、应用等行为，各环节做好数据保护。

2）云计算技术

积极利用云计算技术改造提升现有电子信息系统、企业信息系统，降低信息化成本，挖掘云计算技术在工程建设管理及设施运行监控等方面的应用潜力。

3）物联网技术

结合建筑业发展需求，加强低成本、低功耗、智能化传感器及相关设备的研发，实现物联网核心芯片、仪器仪表、配套软件等在建筑业的集成应用。

4）3D 打印技术

积极开展建筑业 3D 打印设备及材料的研究，结合 BIM 技术应用，探索 3D 打印技术运用于建筑部品、构件生产、建筑模型制作等。

5）三维可视化

利用计算机技术，搭建信息技术模型，采用 AR、VR 可视化手段，查看工程进度、进行三维可视化监控。

6）智能化技术

推动智能机器人、智能监测设备、3D 扫描设备等在施工过程中的应用，提升施工质量和施工效率，降低安全风险，如图 10－3 所示。推进与装配式建筑相配套的建筑机器人开发，辅助和替代“危、繁、脏、重”施工作业。加快智能化技术与大数据、移动通信、云计算、物联网等信息技术在建筑业中的集成应用，促进智慧建造和智慧企业发展。

图 10－3　施工机器人

4. 信息化标准

强化建筑行业信息化标准顶层设计，继续完善建筑业行业与企业信息化标准体系，结合 BIM 等新技术应用，重点完善建筑工程勘察设计、施工及运维的全生命周期信息化标准体系，为信息资源的共享与深度挖掘奠定基础。

建筑业要摆脱传统粗放式的发展模式，走可持续发展之路，需要在数字技术引领下，以新型工业化与信息化的深度融合打造绿色建筑，对建筑业全产业链进行更新、改造和升级，数字化建造是建筑业转型升级的必然方向。

三、BIM 技术

国内建筑信息化主要经历了三个阶段，分别是：设计信息化，以“甩图板”工程推动国内 CAD 技术的应用与普及；造价招投标信息化，以计算机辅助管理实现项目和企业管理信息化；全生命周期信息化，以 BIM 技术将施工和运维阶段的信息多维融合，助力建筑业全生命周期信息集成。我国目前正处于建筑信息化的第三个发展阶段。

1. BIM 时代的到来

BIM 技术是利用信息技术将建设工程数字化处理后以 3D 信息形式表现，用于协助或解决工程全生命周期内各种工作的一种先进技术，对建筑业起到提质增效的作用。

21 世纪初，BIM 概念开始进入中国，并在水立方和上海世博会中国馆上得到应用。2011 年，住建部发布《2011—2015 年建筑业信息化发展纲要》，要求“十二五”期间，基本实现建筑企业信息系统的普及应用，加快建筑信息模型（BIM）的应用；2016 年，发布《2016—2020 年建筑业信息化发展纲要》，要求“十三五”时期，全面提高建筑业信息化水平，着力增强 BIM、大数据等信息技术集成应用能力。

目前，国家从政策维度不断推动 BIM 技术应用，相比于建筑信息化初期的“甩图板”，BIM 技术的应用和普及需要更长时间，难度也更大。

2. BIM 技术发展现状

1）BIM 技术在施工阶段快速发展

受益于 CAD 技术、算量计价软件的普及与国内招投标电子化政策的推行，我国建筑业在设计、造价和招投标阶段的信息化应用已较为成熟，因此 BIM 技术得以直接与决策、设计、采购阶段的信息化软件相融合，在短期内实现应用推广。目前，BIM 技术在施工阶段的应用正处于快速发展阶段，未来有望在建筑工程运维阶段进一步深化使用，以实现 BIM 技术对建筑业全生命周期的覆盖。

智慧工地通过 BIM 技术、大数据技术、互联网技术等融合人员管理、施工管理、质量安全、物料管理等，通过可视化的后台详细掌握项目信息，助推项目工程质量、安全、进度、成本等目标实现。

2）BIM 技术在运维阶段尚待发展

BIM 技术在房建工程各个阶段均有应用，相关的水利、桥梁、道路交通工程方面也有不同程度的应用，已取得了一定成效，但是在工程项目的运维阶段没有应用，这使 BIM 技术在该阶段的发展较为缓慢。

3）BIM 技术未来发展方向

BIM 技术从独立的电子化二维图纸，到二维与三维模型的交互协同，再到建筑全生命周期的信息共享，不断往纵深发展，从维度上看，每一个维度的加深都意味着 BIM 技术水平的提高。

BIM 2D 以二维 CAD 技术或者图纸化形式输出设计蓝图，与后续施工等环节相对独立；BIM 3D 运用三维图画建立模型，对施工现场进行动画设计和渲染，并模拟施工情况；BIM 4D 加入时间概念，提供各环节交付计划，进行细节性模拟；BIM 5D 加入成本概念，通过实时成本建模和数据提取，支持详细的成本估算；BIM 6D 加入环保概念，提供 BIM 决策、竣工、嵌入式运维全生命周期的管理，实现全信息交互。

BIM 施工场地布置软件应用

BIM 6D 将是未来 BIM 技术的发展方向，随着工业化程度的不断提高和信息技术的发展，BIM 技术也将会向更深维度发展，推动建筑信息化高质量发展。

《“十四五”建筑业发展规划》中指出，加快推进建筑信息模型（BIM）技术在工程全寿命期的集成应用，健全数据交互和安全标准，强化设计、生产、施工各环节数字化协同，推动工程建设全过程数字化成果交付和应用。2025 年，基本形成 BIM 技术框架和标准体系，推进 BIM 与生产管理系统、工程管理信息系统、建筑产业互联网平台的一体化应用。

项目三　建筑工业化

一、建筑工业化的背景

每一次的工业革命都推动了社会生产力的发展，建筑业从单一手工生产，到机械建造，再到建筑体系及模块化的流水线建造，无不凸显着技术的变革与创新。随着互联网技术的发展，越来越多的建筑企业引入 BIM 技术，采用智能控制或机器人进行建筑产品的批量生产和组装。

1900 年，美国研发了一套钢筋混凝土空心预制楼板生产机器，并应用于实际建设工程，建筑工业化的雏形开始出现。工业化建筑体系是从建造大量的学校、住宅、厂房等开始的，建筑工业化明显加快了建设速度，降低了工人的劳动强度，并使效益大幅度提高，对于现代建设工程不可或缺。

我国建筑工业化现状与发达国家相比还有明显的差距，自 20 世纪 50 年代才开始在全国建筑业推行标准化、工厂化，大力发展预制装配建筑。由于对预制装配式建筑的结构整体性缺少深入研究，我国在装配式建筑应用中出现了很多问题，推广也受阻。随着研究的深入，装配式建筑的设计理论趋于成熟、施工技术提升，具备了工业化生产、大面积应用的条件。

为适应建筑工业化发展需要，提高建筑工业化应用领域专业技术人员的专业知识与技术水平，培养符合新型建筑工业化领域发展趋势、满足企业用人需求的优质人才，多部门联合开展了 BIM 技术、装配式建筑设计、装配式建筑施工、预制构件制造、工业化装修专业技术人员培训及职业资格认证。

《关于加快新型建筑工业化发展的若干意见》中指出，要大力培养新型建筑工业化专业人才，壮大设计、生产、施工、管理等方面人才队伍，加强新型建筑工业化专业技术人员继续教育，完善建筑业从业人员技能水平评价体系。全面贯彻新发展理念，推动城乡建设绿色发展和高质量发展，以新型建筑工业化带动建筑业全面转型升级，打造具有国际竞争力的“中国建造”品牌。

二、建筑工业化的基本内容

建筑工业化是指通过现代化的制造、运输、安装和科学管理的大工业生产方式，代替传统建筑业中分散的、低水平的、低效率的手工业生产方式。它的主要标志是建筑设计标准化、构配件生产工厂化、施工机械化和组织管理科学化。

建筑工业化的基本内容包括三个方面：一是采用先进、适用的技术、工艺和设备，科学合理地组织施工，提高机械化水平，减少繁重、复杂的手工劳动；二是发展建筑构配件、制品、机械设备，形成适度的产业规模，为建筑市场提供各类建筑使用的系列通用建筑构配件和制品，制定统一的建筑模数和基础标准，合理解决标准化和建筑多样化的关系，建立和完善产品标准、工艺标准、企业管理标准等，不断提高建筑标准化水平；三是采用现代管理方法和手段，优化资源配置，实行科学的组织和管理，培育和发展技术市场及信息管理系统，适应发展社会主义市场经济的需要。

三、建筑工业化的方式

根据构件生产地点的不同，建造工业化的方式可分为工厂化建造和现场建造两种。

1. 工厂化建造

工厂化建造是指构配件采用定型生产的装配施工方式，即按照统一标准定型设计，在工厂内成批生产各种构件，然后运送到施工现场，再以机械化的方法装配成设计要求的施工方式。

现在采用这种生产方式的主要有住宅项目、地铁隧道管片安装及超大工程中有特殊要求的海底隧道沉管、沉管桩等，如图 10－4 所示。

(a) 住宅墙体

(b) 地铁管片

图 10－4　预制构件工厂制作

工厂化建造的主要优点是构件生产效率高、质量好、受季节影响小、现场安装的施工速度快；缺点是需要有各种材料、构件生产基地为基础，一次投资很大，结构整体性、稳定性较差，结构的抗震性能不佳。为克服装配式结构体系抗震性差的缺点，在预制混凝土构件连接时采用节点现浇和补强方式，或装配整体式施工工艺等，以加强建设工程整体的强度和结构稳定性。

2. 现场建造

现场建造是指直接在现场生产构件，生产的同时就组装起来，生产与装配过程连接紧密，整个过程中仍然采用工厂内通用的大型工具和生产管理标准，根据所采用工具模板类型的不同，用工具式模板以高度机械化的方式施工取代了繁重的人工劳动。

现场建造的优点是一次性投资少，建筑形式多样，结构整体性强；缺点是现场用工量比预制装配式大，所用模板较多，施工容易受季节的影响。

四、信息技术支撑建筑工业化发展

建筑工业化是我国建筑业的发展方向，随着建筑业体制改革的不断深化和建筑规模的持续扩大，建筑业物质技术基础显著增强，但从整体看，劳动生产效率提高幅度不大，质量问题较多，建筑工业化技术整体进步缓慢。为确保各类建筑最终产品特别是建筑的质量和功能，优化产业结构，加快建设速度，改善劳动条件，提高劳动生产效率，使建筑业尽快走上质量效益型道路，成为国民经济的支柱产业。

目前，建筑的标准化和通用化水平都很低，建造方式仍以现场施工为主，这就造成了建筑工程的独特性与建筑工业化之间的矛盾。借助 BIM 技术实现高度自动化的构配件工厂化生产，通过信息集成与编码控制系统，实现从实体建筑的拆解、标准化构件的委托加工到构件的验收，实现全过程跟踪与监测，实现建设工程的装配化施工，推进建筑产业化向标准化、精细化方向发展。

项目四　绿　色　建　筑

21 世纪人类共同的主题是可持续发展，对于城市建设来说，也必须由传统消耗型发展模式转向高效绿色型发展模式。绿色建筑正是实施这一转变的必由之路，是当今世界建筑发展的必然趋势。

一、绿色建筑的内涵

所谓“绿色建筑”的“绿色”，并不是指一般意义的立体绿化、屋顶花园，而是指建筑对环境无害，能充分利用环境自然资源，在建设期间不破坏环境基本生态平衡条件，在全生命周期内消耗的物质和能源明显少于传统建筑的一种新型建筑，又称可持续发展建筑、生态建筑、回归大自然建筑、节能环保建筑等。

绿色建筑以人、建筑和自然环境的协调发展为目标，借助自然条件和人工手段创造舒适、健康的居住环境，同时尽可能减少对自然环境的影响和破坏。

绿色建筑的基本内涵可归纳为减轻建筑对环境的负荷，节约能源及资源，提供安全、健康、舒适性良好的生活空间，与自然环境亲和，做到人、建筑与环境的和谐共处、永续发展。

二、绿色建筑遵循的原则

绿色建筑遵循可持续发展原则，体现绿色平衡理念，通过科学的整体设计，集成绿色配置、自然通风、自然采光、低能耗围护结构、新能源利用、绿色建材和智能控制等高新技术，充分展示人文与建筑、环境与科技的和谐统一。它不仅可以满足人们的生理和心理需求，而且能源和资源的消耗最为经济合理，对环境的影响最小。绿色建筑除满足传统建筑的一般要求外，尚应遵循一定原则。

1. 和谐原则

建筑物在选址、建造、使用及拆除的过程中存在着能源消耗、环境扰动及对自然环境的破坏，其体系和谐、系统和谐、关系和谐便成为绿色建筑特别强调的主要和谐原则。

2. 适地原则

任何一个区域规划、城市建设或者单体建筑项目，都必须建立在对特定地方条件分析和评价的基础上，充分利用建筑场地周边的自然条件，考虑当地气候特征和生态环境，减少对自然环境的负面影响，遵循合理利用现有地形、地貌、植被和自然水系等适地原则。

3. 节约原则

建筑物资源占有与能源消耗在建筑全生命周期使用总量与服务功能均衡的前提下，遵循建设工程资源消耗最小化与减量化的节约原则。

4. 高效原则

建筑作为人类的居所，其建造、使用、维护与拆除应本着符合人与自然和谐共生的前提，满足宜居、健康的要求，系统地采用集成技术提高建筑功能的效能，优化管理调控体系，遵循绿色建筑的高效原则。

5. 舒适原则

舒适性与资源占有及能源消耗，在建筑建造、使用与维护管理中一直是一个矛盾体。在绿色建筑中强调舒适原则不是以牺牲建筑的舒适度为前提，而是以满足人类居所舒适要求为设定条件，形成建筑绿色化、生态化及符合可持续发展要求的建筑综合系统集成技术，遵循绿色建筑的舒适原则。

6. 经济原则

建筑在设计、建造、使用、维护过程中都会存在资源消耗和费用支出，唯技术论和唯投资论都不是绿色建筑的追求方向，适宜投资、适宜成本才是绿色建筑的经济原则。

7. 人文原则

人类经常把建筑与文化、美学、哲学紧密相连，建筑既有历史性，也有传承性，更有人文特性，无论在任何国家、地区，没有文化内涵的建筑都会缺少特点、特色与特质，人文原则在建筑中不可或缺。

三、绿色建筑的发展目标

2022 年 3 月，住房和城乡建设部印发的《“十四五”建筑节能与绿色建筑发展规划》（简称《规划》）中指出，“十三五”期间，严寒寒冷地区城镇新建居住建筑节能达到 75%，累计建设完成超低、近零能耗建筑面积近 0.1 亿 m^2，完成既有居住建筑节能改造面积 5.14 m^2、公共建筑节能改造面积 1.85 亿 m^2，城镇建筑可再生能源替代率达到 6%。截至 2020 年底，全国城镇新建绿色建筑占当年新建建筑面积比例达到 77%，累计建成绿色建筑面积超过 66 亿 m^2，累计建成节能建筑面积超过 238 亿 m^2，节能建筑占城镇民用建筑面积比例超过 63%，全国新开工装配式建筑占城镇当年新建建筑面积比例为 20.5%。

1. 总体目标

《规划》中指出，到 2025 年，城镇新建建筑全面建成绿色建筑，建筑能源利用效率稳步提升，建筑用能结构逐步优化，建筑能耗和碳排放增长趋势得到有效控制，基本形成绿色、低碳、循环的建设发展方式，为城乡建设领域 2030 年前碳达峰奠定坚实基础。

2. 具体目标

《规划》中指出，到 2025 年，完成既有建筑节能改造面积 3.5 亿 m^2 以上，建设超低能耗、近零能耗建筑 0.5 亿 m^2 以上，装配式建筑占当年城镇新建建筑的比例达到 30%，全国新增建筑太阳能光伏装机容量0.5亿kW以上，地热能建筑应用面积1亿m^2以上，城镇建筑可再生能源替代率达到8%，建筑能耗中电力消费比例超过55%。

四、绿色建筑的特点

1. 能源消耗低

绿色建筑能够使能源、资源消耗降至最低程度，最大限度利用太阳能、风能、地热、生物能等天然能源和再生能源，利用节能技术并防止污染，绿色建筑和既有建筑相比，耗能可以降低70%~75%，甚至更高。

2. 体现地域特征

绿色建筑具有地域特征，强调采用本地的原材料，尊重本地的人文、自然、气候条件，在建筑风格上完全本地化，并结合当地特色建造出具有建筑美学和健康舒适生活环境的建筑。

3. 自然和谐

绿色建筑追求自然和谐，在选址、设计、建造及运营中，充分尊重自然环境，顺应地形地貌，保护生态平衡，利用自然采光、通风等降低能耗。建筑材料尽量采用本地可再生资源，减少对环境的破坏，在为人们提供舒适空间的同时，与自然共生共荣，实现可持续发展。

4. 健康宜居

绿色建筑的朝向、空间布局合理，有良好的自然采光系统、充分的自然通风条件和宜人的周围环境。

五、绿色建筑的评价

绿色建筑评价体系由安全耐久、健康舒适、生活便利、资源节约、环境宜居5类指标组成，且每类指标均包括控制项和评分项，控制项的评价结果为达标或不达标，评分项的评价结果为分值。

根据评分值可将绿色建筑评价划分为基本级、一星级、二星级和三星级4个等级。建筑物满足全部控制项要求时，绿色建筑等级为基本级。一星级、二星级、三星级3个等级的绿色建筑均应满足全部控制项的要求，且每类指标的评分项得分不应小于其评分项满分值的30%；一星级、二星级、三星级3个等级的绿色建筑均应进行全装修，全装修工程质量、选用材料及产品质量应符合国家现行有关标准的规定；当总得分分别达到60分、70分、85分且满足表10-1的要求时，绿色建筑等级评定为一星级、二星级、三星级。

表10-1 绿色建筑的技术要求

项目	一星级	二星级	三星级
围护结构热工性能的提高比例或建筑供暖空调负荷降低比例	围护结构提高5%或负荷降低5%	围护结构提高10%或负荷降低10%	围护结构提高20%或负荷降低15%
严寒和寒冷地区住宅建筑外窗传热系数降低比例	5%	10%	20%

表 10-1（续）

项目	一星级	二星级	三星级
节水器具用水效率等级	3 级	2 级	
住宅建筑隔声性能	—	室外与卧室之间、楼板两侧卧室之间的空气隔声性能，卧室楼板的撞击隔声性能达到低限标准限值和高要求标准限值的平均值	室外与卧室之间、分户墙（楼板）两侧卧室之间的隔声性能以及卧室楼板的撞击隔声性能达到高要求标准限值
室内主要空气污染物浓度降低比例	10%	20%	
外窗气密性能	符合国家现行相关节能设计标准的规定，且外窗洞口与外窗本体的结合部位应严密		

巩固与提升

1. 简述建筑信息化的时代背景及主要内容。
2. 简述建筑工业化的基本内容。
3. 查阅资料，简述绿色建筑的发展前景及发展中面临的主要问题。
4. 简述绿色建筑的特点。
5. 简述绿色建筑的分级标准和评价方法。
6. 查阅资料，与同学交流土木工程的未来。

拓展阅读

李　诚

李诚，字明仲，是北宋时期建筑家，郑州管城人士，生于新郑，安葬于新郑。李诚出身于官吏家庭，曾任曹州洛阳县县尉。他亲自主持营建了许多规模巨大的建筑工程，如宫殿、王邸、太庙、辟雍、尚书省、城门、寺庙以及皇帝举行大典的明堂等，在工程的规划、组织、管理等方面积累丰富的实践经验。

李诚著有《营造法式》，这不仅是北宋官修的建筑设计和施工专用书，而且也对后世建筑的演变和发展产生了深远的影响。《营造法式》全书共三千五百五十五条，其中第三千二百七十二条“系自来工作相传，并是经久可以行用之法”，总结了历代工匠的宝贵经验。这本书统一了建筑规格，明确了设计施工的制度，制定了估工估料的定额，对土木建筑方面的管理和改革大有裨益，这本书是目前有据可查的第一本古代官修的用于指导系统营造实践的工程书籍，在我国建筑史上具有不可磨灭的地位。

梁思成拿到《营造法式》潜心研究，倾尽心血，终得破译这本“天书”，写出《营造法式注释》，详细介绍原文所述种种。从 1103 年李诚编成《营造法式》，到 2001 年梁思成《营造法式注释》全书出版，时间跨度近 900 年。

参 考 文 献

[1] 曾艳华，汪波，封坤，等. 地下结构设计原理与方法［M］. 成都：西南交通大学出版社，2022.
[2] 彭小芹，吴芳，刘芳. 土木工程材料［M］. 重庆：重庆大学出版社，2021.
[3] 毛超，刘贵文，汪军，等. 智慧建造概论［M］. 重庆：重庆大学出版社，2021.
[4] 秦鸿根. 土木工程材料［M］. 南京：东南大学出版社，2021.
[5] 何发亮，卢松，李春林，等. 隧道施工地质不确定性［M］. 成都：西南交通大学出版社，2021.
[6] 段世霞. 项目管理［M］. 南京：南京大学出版社，2020.
[7] 姚波，王晓. 道路工程［M］. 南京：东南大学出版社，2020.
[8] 吴焕加. 西方近现代建筑史［M］. 北京：机械工业出版社，2020.
[9] 马晓. 中国古代建筑史纲要［M］. 南京：南京大学出版社，2020.
[10] 张岩，陆烜，张玉波. 装配式混凝土建筑［M］. 北京：机械工业出版社，2020.
[11] 马世雄. 道路交通与路基路面工程［M］. 重庆：重庆大学出版社，2020.
[12] 郭学明. 世界建筑艺术简史［M］. 北京：机械工业出版社，2020.
[13] 吴家炜，毛晓兵. 中外建筑史［M］. 南京：南京大学出版社，2020.
[14] 柴贺军，李晓，唐胜传，等. 山区公路工程地质勘察［M］. 重庆：重庆大学出版社，2019.
[15] 王树进. 项目管理［M］. 南京：南京大学出版社，2019.
[16] 胡文斌. 教育绿色建筑及工业建筑节能［M］. 昆明：云南大学出版社，2019.
[17] 潘永祥. 公路桥梁与改扩建新技术［M］. 昆明：云南大学出版社，2019.
[18] 刘泽俊，周杰，李秀华，等. 工程项目管理［M］. 南京：东南大学出版社，2019.
[19] 刘占省，孟凡贵. BIM 项目管理［M］. 北京：机械工业出版社，2018.
[20] 王江容，赵保江. 建设项目的标准化管控［M］. 南京：东南大学出版社，2018.
[21] 孙宝芸，张怀志，王占飞，等. 交通土建工程概论［M］. 北京：中国水利水电出版社，2018.
[22] 中铁十一局集团第五工程有限公司编委会. 超长深埋隧道 TBM 掘进成套技术［M］. 武汉：武汉理工大学出版社，2018.
[23] 王明年. 地下工程通风与防灾［M］. 成都：西南交通大学出版社，2018.
[24] 舒志乐，刘保县，张英，等. 基础工程［M］. 重庆：重庆大学出版社，2017.
[25] 韩国波，崔彩云，卫赵斌，等. 建设工程项目管理［M］. 重庆：重庆大学出版社，2017.
[26] 宋波，陈彦然. 城市灾害与抗震防灾对策［M］. 北京：中国水利水电出版社，2017.
[27] 冯辉红，冯东梅，高虹，等. 工程项目管理［M］. 北京：中国水利水电出版社，2016.
[28] 李平诗. 民用建筑构造［M］. 重庆：重庆大学出版社，2016.
[29] 陈雄，唐安祥，蒋明庆. 矿山事故应急救援［M］. 重庆：重庆大学出版社，2016.
[30] 寿大云，龚延风. 智能建筑概论［M］. 重庆：重庆大学出版社，2016.
[31] 陆惠民，苏振民，王延树. 工程项目管理［M］. 南京：东南大学出版社，2015.
[32] 陈志龙，刘宏. 城市地下空间规划控制与引导［M］. 南京：东南大学出版社，2015.
[33] 张银会，黎洪光，刘光华，等. 建筑结构［M］. 重庆：重庆大学出版社，2015.
[34] 华建民，张爱莉，康明. 建筑工程施工［M］. 重庆：重庆大学出版社，2015.
[35] 谢永利. 隧道工程［M］. 重庆：重庆大学出版社，2015.
[36] 魏进兵，高春玉. 环境岩土工程［M］. 成都：四川大学出版社，2014.
[37] 李成辉. 轨道工程［M］. 重庆：重庆大学出版社，2014.
[38] 强士中. 桥梁工程［M］. 重庆：重庆大学出版社，2014.
[39] 林文虎. 土木工程施工技术与组织［M］. 重庆：重庆大学出版社，2013.
[40] 张明聚. 岩土工程测试技术［M］. 重庆：重庆大学出版社，2013.

[41] 中国建筑材料联合会. 烧结瓦：GB/T 21149—2019 [S]. 北京：中国标准出版社，2019.

[42] 中华人民共和国住房和城乡建设部，建筑地基基础工程施工质量验收标准：GB 50202—2018 [S]. 北京：中国计划出版社，2018.

[43] 中国建筑材料联合会. 烧结普通砖：GB/T 5101—2017 [S]. 北京：中国标准出版社，2017.

[44] 中国钢铁工业协会. 预应力混凝土用钢丝：GB/T 5223—2014 [S]. 北京：中国标准出版社，2014.

[45] 中国钢铁工业协会. 冷轧带肋钢筋用热轧盘条：GB/T 28899—2012 [S]. 北京：中国标准出版社，2012.

[46] 中铁第一勘察设计院集团有限公司. 铁路线路设计规范：TB 10098—2017 [S]. 北京：中国铁道出版社，2017.

图书在版编目（CIP）数据

土木工程概论 / 杨建华，程良主编. -- 北京 ：应急管理出版社，2025. --（煤炭职业教育“十四五”规划教材）. -- ISBN 978-7-5237-0819-4

Ⅰ. TU

中国国家版本馆 CIP 数据核字第 2024VC3836 号

土木工程概论（煤炭职业教育“十四五”规划教材）

主　　编　杨建华　程　良
责任编辑　王一名
责任校对　孔青青
封面设计　之　舟

出版发行　应急管理出版社（北京市朝阳区芍药居 35 号　100029）
电　　话　010－84657898（总编室）　010－84657880（读者服务部）
网　　址　www. cciph. com. cn
印　　刷　北京四海锦诚印刷技术有限公司
经　　销　全国新华书店

开　　本　787mm × 1092mm $^1/_{16}$　**印张**　10 $^1/_2$　**字数**　237 千字
版　　次　2025 年 4 月第 1 版　2025 年 4 月第 1 次印刷
社内编号　20240967　　**定价**　38. 00 元